国家出版基金项目
NATIONAL PUBLICATION FOUNDATION

中 国 青 少 年
科 学 实 验 出 版 工 程 郭传杰 / 主编

The Effect of Scientific Experiments

U0321660

科学实验之功

安金辉◎编著

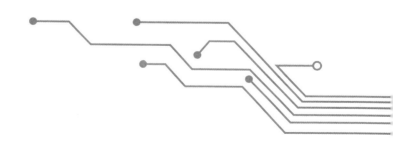

浙江教育出版社·杭州

　　1953 年，爱因斯坦在给加州一位朋友斯威策的回信中写道："西方科学发展是以两个伟大的成就为基础的，那就是希腊哲学家发明形式逻辑体系（在欧几里得几何学中）以及（在文艺复兴时期）发现通过系统的实验可以找出因果关系。"

　　科学实验与近现代科学是什么关系？爱因斯坦在这里做了十分明晰的回答：科学实验是科学发展的两大基石之一。考虑到爱因斯坦是一位纯粹从事理论研究的科学家，又考虑到这是他晚年所表达的观点，足见科学实验在科学发展历程中的基础地位是无可撼动的。

　　什么是科学实验？科学实验是指根据一定目的，运用一定的仪器、设备等物质手段，在人工控制的条件下，观察、研究自然现象及其规律性的科学实践形式。科学实验的范围和深度，随着科学技术的发展和社会的进步，在不断扩大和深化。

　　科学实验是发现科学现象、规律的重要途径。如果说在以前还有些新的自然现象或规律，不一定要通过严格的科学实验就可以发现的话，那么，在科学技术越来越发达的当今及未来，在各种极端条件下要发现自然界的新现象并进行研究，不通过复杂的科学实验是很难做到的。

科学实验是验证科学假说、理论模型的唯一可靠途径。正如费曼所说："实验是理论的试金石。任何科学的结论只能在科学实验验证之后才可能具有科学上的意义与权威。"

科学实验相对于科技创新，是基石，是"母亲"，是源泉，更是科学知识、科学方法、科学思想、科学精神的集大成者。在科学传播、科学普及越来越彰显其重大价值的时代，科学实验相对于科学传播，同样具有不可替代的作用。在新科技革命风起云涌的当今时代，科学传播的重点要逐步从传播知识向传播创新的思路和方法、科学的理念与精神转移，因此，科学实验在青少年的科学普及教育中，相较于单纯书本知识的灌输，其作用与地位就进一步凸显出来了。

科学实验的趣味与神奇是点燃青少年好奇心的圣火。好奇心是每个孩子与生俱来的。各学科不同的科学实验，那千变万化的颜色，那令人意想不到的实验结果，那进入科学实验室所看到的陌生景象、所听到的奇特声响，都是开启孩子好奇心、探究欲的钥匙。

科学实验的实践过程是培养青少年动手习惯的重要途径。良好的动手习惯和能力是科学人才必备的要求。从小培养孩子边观察、边思考、边动手的习惯，对他们的创新意识、创新能力的提升，是必经的一步。

然而，虽然我们大家都知道科学实验对青少年科学素养的提升有着巨大的价值，但是，综观国内科普产品市场，从科学实验角度对青少年进行科学传播的图书相对较少，更多的是对科学知识的介绍。即使有少数涉及科学实验的科普图书，也多是停留在实验方法介绍的层面。

有鉴于此，我院科学传播局联合浙江教育出版社，决定以中学生为主要读者群，出版一套科学实验丛书。丛书编撰者经过研究分析，确立了丛书的主旨、思路、框架与风格。呈现给读者的这套丛书，以"科学实验之旅""科学实验之功""科学实验之道""科学实验之美""科学实验之趣"为题，编为五册，为科学实验做一全景式扫描，从不同视角带给中学生关于科学实验的全谱式分享。丛书既注重包含科学实验全方位、各学科的前沿知识，厚今薄古，更注重科学实验中体现的科学方法、科学思想和科学精神；既有富于哲理的文字表述，又有丰富的案例故事，趣味盎然，情理交融，图文并茂，通俗易懂，期望能给广大青少年提供一道关于科学实验的美味大餐。当然，这是编撰出版者的初衷和目标，是否真的既营养丰富，又美味可口，要请读者自己品味一番。

　　丛书面世之际，编撰出版者邀我作序，于是写了上述文字，是为序。

中国科学院院长　白春礼

2019年8月

两年前，两位周先生——中国科学院科学传播局的周德进局长和浙江教育出版社的周俊总编辑——找我组织主编一套有关科学实验的科普书，主要读者定位于中学生。感佩于他们的诚意及敏锐眼光，我接受了这一邀约。于是，这套书的编撰出版就成了我们近两年来的一个牵挂。

伴随民族复兴大业突飞猛进的步伐，科学普及事业近年来越来越受到国家和社会的高度重视。放眼科普出版市场，一派兴隆火爆的气象，令人振奋。但是，在眼花缭乱的出版物中，关于科学实验的科普著作确实不多，即使有，也只是一些趣味实验类的操作介绍。

什么是科学实验？科学实验与人类的科学技术事业有什么关系？在科学技术发展的历史长河中，科学实验起过什么作用？又有哪些故事？这些内容，如果以中学生能够接受且通俗有趣的形式提供给他们，相信对他们提升基本科学素养会是不错的素材。

（一）科学实验是科学得以发生、发展的两大基石之一。这是爱因斯坦1953年提出的看法，在科学界获得了广泛的共识。他在《物理学进化》一书中还指出："伽利略的发现以及他所应用的科学推理方法是人类思想史上最伟大的成就之一，而且标志着物理学的真正开端。"丁肇中在谈科学研究的体会时也说："实验是自然科学的基础,理论如果没有实验的证明,是没有意义的。"

爱因斯坦说科学实验是科学发展的基础,我想可以从两个角度去理解:一是科学实验是发现新的科学现象、科学知识的利器。我们都知道"水",但是,如果不是200多年前普里斯特利、拉瓦锡等科学家连续40余年的实验探索,怎能知道这种重要的透明液体是由"两氢一氧"组成的?如果没有多种光谱仪器和相关的科学实验,仅靠人的眼睛感知,除了可见光波段以外,广阔丰富的电磁波谱就可能与人类生活的各种应用绝缘。二是科学实验是验证科学假说、创建科学理论的必需工具。科学的特点之一,是必须具有可重复性、可检验性。实证是科学的基石,在科学通向真理的路上,实验是首要条件。无论谁声称自己的理论如何完美自洽,没有科学的实验证据,都不足为信。科学实验是理论的最高权威。科学是实证科学,一个理论、一个现象如果不能通过实证检验,是必须被排除在科学大门之外的,它可能是伪科学,也可能是"不科学"。这就是科学的实证精神。正是因为有了科学的实证精神,科学才得以那么与众不同。科学实验是检验科学真理的唯一标准。依靠科学实验而不是依据个人权威去评判理论的是非对错,成了近现代科学与古代科学的分水岭,也为近现代科学的健康快速发展提供了强大的原动力。

但是,长期以来,在社会上有些人的心目中,理论、公式才是科学的"皇后",实验不过是科学技术的"奴婢",是服务于科学技术的工具而已。产生这种看法的原因,主要是对科学实验的意义和作用、科学实验在近现代科学技术发展历史进程中的实际地位缺乏基本认知。

另外,现代教育越来越重视科学教育,这是大时代发展的必然趋势。而科学教育的基本目的,我以为重点在于科学素质的培育,而不在于大量知识的灌输,尽管知识的增加也是必需的、重要的。科学素质的重要内涵是科学的方法、思想与精神。科学实验是科学家认识自然、探求真理的伟大社会实践,因此,实验的过程与结果饱含了科学技术最丰厚的内涵,包括新的知识,更包括科学家在实践过程中应用的科学方法,表现的思想态度,闪耀的团队光芒,体现的科学精神。这一切,恰恰是广大青少年提升科学素养的最好"食粮"。

基于以上认识,丛书编委会经过多次调研、讨论,达成共识,希望编写一套高水平的科学实验丛书,期待产品达到"四性""三引"的要求,即科学性、知识性、通俗性、趣味性,以及引人入胜、引人回味、引人向上。具体来说,第一,丛书要确保科学性与知识性,这是底线,科学性达不到要求,就会产生误导,对读者来讲,比零知识更糟糕。第二,要通俗、有趣,不仅通俗好懂,而且有趣有味,不说空话套话,不能味同嚼蜡,要通过大量实际的案例、故事,使之易读好读,图文并茂,雅俗共赏,引人入胜。第三,鉴于科学实验这样严肃宏大的内容主题,因此,应当体现科学史学、哲学、美学的结合,有较高的品位。第四,厚今薄古,既要有近现代科学实验发展的历史轨迹,更要体现科学技术、科学实验在当代的发展与前沿。当然,这些目标只是编撰者的自我要求与期待,能否达到,还得广大读者去评判。经过这些考虑之后,丛书编委会确定了丛书的基本框架,共包括《科学实验之旅》《科学实验之功》《科学实验之道》《科学实验之美》和《科学实验之趣》五册。这个框架是开放性的,根据今后发展及市场反应,也可能还有后续,这是后话。

(二)根据科学实验在科技发展中的源流、地位、功能以及面向中学生读者的科普定位,丛书确立了五册的框架,对各册的内容安排大致有如下考量。

《科学实验之旅》从历史发展的视角，主要通过重大的案例和科学事件，展现科学实验发展的基本源流和脉络，特别是让读者对在科学发展的里程碑时期起过关键作用的那些科学实验有所了解。本册以时序为主线，内容既有科学实验早期的源头，也有科学实验在当代的发展状况和对未来发展方向的前瞻。

《科学实验之功》以著名的科学实验为案例，展现科学实验对科学技术发展的重要贡献以及对人类文明进程的重大影响。科学技术是第一生产力，在近现代，它作为社会经济发展的基本原动力，厥功至伟。而科学技术的飞跃发展，每一步都离不开科学实验的鼎力支撑。

《科学实验之道》集中关注科学实验必须遵循的理念、规律、规范和方法。本册不拟对科学实验的具体流程、方法进行介绍，事实上，鉴于不同学科的实验方法千差万别，想在一本科普册子里全面阐释，实属不可能，也不必要。科学实验看似多样、直观，但其蕴含的深层哲理与大道规律却是有迹可循的。当然，本册并非只用枯燥、深奥的哲学语言与读者对话，而是通过生动的案例同青少年恳谈。

《科学实验之美》侧重于从美学视角来考察科学实验。科学求真，人文至善，科学与人文的融合处会绽放出地球上最美丽的花朵。科学实验之美，有着不同的形态，各样的色彩。实验设计的简洁美，实验过程的曲折美，实验结果的理想美，实验者的心灵美，通过一个个真实的案例故事，读者可以从不同的方位欣赏到科学实验带来的美，陶醉在科学、人文融合的场景之中。

《科学实验之趣》的作者主要是来自优秀中学的优秀教师。他们有着丰富的教育经验，了解中学生的兴趣点。兴趣和趣味是引导青少年走进科学之门的最好向导。曾经有调研者问不同学科、不同国籍的诺贝尔奖得主同一个问题："您为什么能获得诺贝尔奖?"超过70%的受访者的回答是一样的,那就是"对科学的兴趣"。而科学的趣味虽然很多体现于理性的思考,但可能更多蕴含在科学实验的过程之中。本册作者在科技发展的历史长河中,按学科遴选出一批富有趣味的实验案例,将其奉献给莘莘学子阅读欣赏,想必对他们通过有趣的实验进一步探索、进入科学王国有所裨益。

上述各册在深入阐述各书主题时,都会遴选大量科学实验案例。因此,读者可能会想:会不会有案例重复引用的情况? 有,的确有。某些重要的科学实验的确有被不同作者重复引用的情形。虽然,丛书编委会期望各书作者尽量避免重复,也采用过交叉对照、相互协商等措施,但客观地说,完全避免是不可能的。不过,即使是同一个实验案例,在不同的书册中被引用时,角度、素材、内容也是不一样的,作者会围绕该册的主题去选材和表述,不会影响读者的阅读兴趣。

另外,我们要求每册图书必须在统一的框架下,有基本一致的装帧设计、基本一致的框架结构,以显示它们同属"中国青少年科学实验出版工程"丛书,便于读者识别、选择、阅读。与此同时,我们也容许不同作者有自己的写作风格,以免千篇一律,可以在统一的构架下,呈现各自的风格特点。读者选择时,既可以是整套一起,也可以根据自己的需求偏好,只选阅丛书中的一册或几册。

为方便读者在阅读过程中对某一实验进行进一步的追踪了解,作者、责编在一些章节的合适处,插入了链接,或加上了小贴士。同时,在丛书出版过程中,还配上了有趣的科学动漫,为纸媒出版物添上一对数字传媒的翅膀。这些技术、细节性的安排,目的是给广大读者多一点趣味和便捷。

（三）从这套丛书的接手编撰到即将付梓，过去了约两年的时光。其间，召开过7次编委、作者和出版者的联席研讨会。

几位作者从春夏到秋冬，以再学习、深探究的态度，反复修改润色，花费了大量的精力和时间；出版方更是自始至终参与其中，事无巨细，指导支持。两年来，虽然殚精竭虑，笔耕劳苦，但整个团队所有成员都觉得有付出、有收获，心情畅快，合作开心。忘不了研讨会上面红耳赤的热烈争辩，以科学的态度编撰科学实验丛书是我们的共识，也让我们受到一次次科学精神的洗礼；忘不了在重庆江津中学、浙江淳安中学短暂而愉快的时光，校长、师生们对丛书的要求和真知灼见，为丛书的成功编撰增添了一层层厚实的底色。

这套丛书还没问世，就已经受到了学界和社会的关怀与期盼。中国科学院院长白春礼院士为丛书欣然作序。丛书还得到了中国科学院院士刘嘉麒、林群等先生的推荐，并且列入了2019年度国家出版基金项目。

在丛书即将面世的此时此刻，作为主编，本人的心情是复杂的。一方面，我们从一开始就确实怀有一个愿望——做一套关于科学实验的优秀科普书献给中学生及有兴趣的读者，自始至终也为实现这个愿望在做努力，在它正式与读者见面之前，内心怀有一丝激动和些许期待。另一方面，它到底能不能受到读者的欢迎，能不能装进他们的书包、摆上他们的案头，我们心中并没有十分的底数，心情忐忑。不过，媳妇再丑总是要见公婆的，书籍终究是给读者阅读并由读者评点的。我们唯抱诚恳之心，请读者浏览阅读之后，提出指正意见。

郭传杰

2019年9月

　　科学实验曾带给我们什么样的收益？想回答这个问题，不妨设想一下：如果人类从不曾有过实验研究，世界将会变得怎样？我们将会失去什么？环顾我们的四周，所有与电有关的一切技术产品都不会产生。带给我们便利的所有家用电器、现代工厂高度依赖的各种设备，包括电报、收音机、电话、电视机等都不会来到我们身边。

　　失去电灯，我们还有油灯和蜡烛，可我们失去的远不止电灯。看看我们身上的衣服，除了棉、麻等天然纤维制成的衣服，任何用人造纤维制成的衣物都将消失。我们只好穿着松松垮垮、随时会从脚踝上滑落下来的棉袜。可能你并不喜欢人造纤维类的衣物，它们容易起静电或者起球，所以你并不介意它们的消失。可是，还有一个后果大概是你不想看到的：我们衣物的颜色将不再绚丽多彩。现代纺织业并不会因为使用某种特别的颜色而提高衣服的价格，但过去可不是这样。1856年，第一种化学染料苯胺紫诞生于化学实验室。而此前，紫色衣物在西欧只有最富有的人才能拥有。

　　和衣服相比，我们还有更紧迫的问题要面对。若没有了实验研究，我们也不会拥有让农作物丰收的化肥和农药，农作物产量和种类会大大减少。我们又会和古代人一样，不得不忍受时常出现的饥馑。

即使我们能熬过饥荒岁月，还将面临更可怕的灾难——疾病和瘟疫。若没有了实验研究，我们将不会有各种疫苗和抗生素；既不知道是什么原因使人患上结核病，也不知道瘟疫从哪里来、该怎样有效控制和治疗。我们现在对疾病的了解、预防和治疗，绝大部分都要拜实验研究所赐。

如此种种，不一而足。毫不夸张地说，如果没有实验，就不会有近现代的科学、技术和现代社会的种种进步，我们的生活水平将停留在古代社会的状态。虽然经验性的技术仍会有缓慢的积累和进步，但绝不会有最近四五百年来发生在欧洲的那种突飞猛进式的快速发展。实验带来的科学发现和技术发明，既改变了我们创造的各种物品和我们自己，也深刻地重塑了人类社会的整个面貌。

但是，实验研究带给我们的变化远不止于此。它还给了我们更宝贵的礼物——那就是评价标准和评价方法。一个科学理论，无论看上去多么无懈可击，若找不到实验证据，那就只能算是一个假说。所以，无论科学家们多有权威、对自己的理论多么自信，都期待着能为自己找到实验证据。即使实验的设计、设备和技术都还不完善，即使实验所依赖的理论可能存在问题，这些都无损于实验作为理论终极裁判员的地位。所以，不再盲从于权威，转而依赖实验方法和经验证据来进行理论评判，正是近代科学与古代科学的分道扬镳之处。也正是这种实证研究的方法和精神，构成了近现代科学飞速前行的主要动力。

安金辉

2019 年 7 月

目　录

第1章
古代科学向近代科学的嬗变

第2章
科学发现的百宝箱

第3章

新理论和新学科的发生器

2

第4章

科学理论的仲裁者

第5章

技术创造的热土

第6章

重大工程的先遣队

第7章

社会也是实验室

科学实验之功

微信扫码

看科学实验小视频高效学习
添加学习助手获取服务

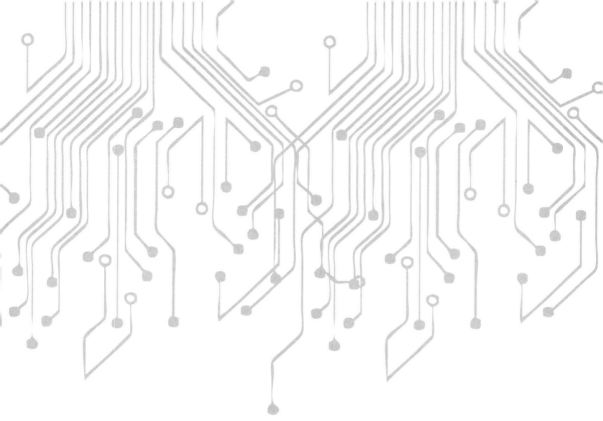

第1章

古代科学向近代科学的嬗变

　　对源自古希腊的西方古代科学而言,实验既不是科学理论得以确立的充分条件,也不是必要条件。但近代的哲学家和科学家开始从科学方法和研究实践两个方面,强调实验与数学分析的必要性。这正是西方科学得以完成从古代到近代的重大转型的主要原因之一。本章介绍了其中的几位开拓性人物,正是在他们的努力下,西欧的科学完成了从古代到近代的重大转变。

孤独的先行者——达·芬奇

达·芬奇（1452—1519），文艺复兴时期意大利的艺术巨匠、科学家和工程师。除无与伦比的绘画艺术成就之外，他在科学、工程和技术领域也远远领先于同时代的绝大多数人。达·芬奇为了随时记录自己的想法，从13岁起，就写下了大量的笔记并绘制了很多插图。后人对他丰富思想和伟大成就的了解，主要建立在对这些手稿的搜集、整理和破译的基础上。

不过，达·芬奇没能集中精力写出任何一部专门的著作，可能他写手稿的目的仅仅是为了记录自己进行探索的思想历程，而不是为了完成一部正式的著作。他那涉猎极广的思想就散落在各种各样的笔记中。所以，他刚去世时，以其手稿为基础编辑的书稿得不到出版商的青睐。

达·芬奇去世后，他的手稿不断遗失、转手、汇集、分散，没人能说清楚他到

图1-1　达·芬奇塑像

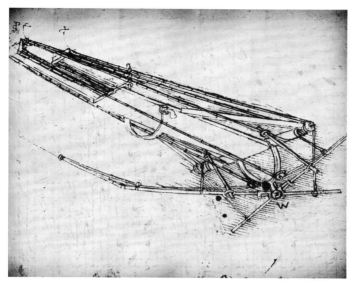

图1-2 达·芬奇手稿

底有多少手稿留存、又有多少已经散失。人们估计他遗留下来的手稿至少有7500页。达·芬奇生前进行的诸多研究工作仅以这种非常零散的手稿形式保存下来,并未及时出版或广泛流传,所以他的成就没有直接影响到他所处的时代和之后的科学技术发展。

在达·芬奇去世后,这些逐渐公开的手稿获得的重视与日俱增,但现在仍旧散落在私人藏家、学者手中,一些博物馆、图书馆也有部分留存。从其中已经公开出版或展览的内容看,已足以让现代人认识到他所取得的伟大成就,以及了解到这些成就所预示的西欧科学技术后来的发展方向。

在这些手稿中,有很多关于实验、数学的讨论。从方法上来讲,达·芬奇既强调实验,也重视数学,而这恰好是近代科学两大基础性的研究方法。他认为,"正确的理论必须建立在实验基础之上","不与数学结合的东西,无论如何也没有确实性"。

从达·芬奇遗留的已完成的画作和遍布于手稿中的大量插图来看,他对解剖学、数学及人体结构的掌握，不仅建立在精细的解剖研究之上，而且有几何学和物理学的深厚功底。他深入解剖和研究人体的肌肉、心脏、眼睛，并得出动脉硬化可导致老年人死亡的结论，甚至还有了血液循环的想法，虽然他没能清晰地指出整个循环的准确过程。尤其在《维特鲁威人》这幅世界著名的素描画作中，达·芬奇把和谐优美的人体与简明精当的几何学巧妙地联系在一起，以完美的方式呈现在大家的眼前。

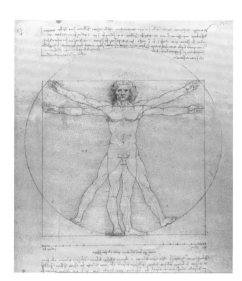

图1-3　维特鲁威人

达·芬奇还画过很多机械设计和工程设计图，这些设计的复杂程度远远超出当时技术所能实现的水平。现在，随着达·芬奇手稿不断被重新发掘和整理，人们开始设法把达·芬奇的设计草图变成工程技术上的实物。在美国IBM公司赞助下，达·芬奇的很多机械设计图，如机器人、机器狗、扑翼式飞行器都已经制成模型，并在博物馆进行展示。

1502年，达·芬奇为当时奥斯曼帝国的苏丹巴雅泽二世设计了一座跨度240米的单孔石桥，造型独特而优美。苏丹巴雅泽二世认为达·

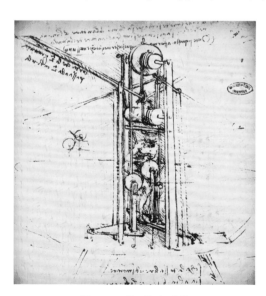

图1-4　达·芬奇手稿

芬奇设计的这座桥梁根本无法建成——从材料和造型来看,这种担心是有道理的。但在2001年,挪威艺术家韦比约恩·桑德把达·芬奇的设计图变成了现实的工程成果。虽然这是一个只有109.2米的缩小版,材料也因成本上的考虑换成了胶合板和不锈钢,但原本的设计理念得到了清晰的体现和执行。这也是达·芬奇设计的民用工程项目中唯一变成现实的一项。

图1-5 根据达·芬奇设计图建造的挪威金角湾大桥

从散落在达·芬奇笔记中的片段可以发现:他用水流和潮汐来类比血液循环;他认为太阳不动,而地球旋转;他寻找生物化石,想要证明地球拥有悠久的历史,等等,这些想法都被后来的科学家验证。

达·芬奇是一位勤奋而多产的天才,为了更有效地利用时间,以写下他头脑中不停涌现的各种奇思妙想,他发明了一种每工作4小时就睡眠15分钟的独特睡眠方法。这样,一昼夜只需不到一个半小时的睡眠,就能保证自己拥有充沛的精力。

不过,当代医学家可能对达·芬奇的这种做法不敢苟同。2019年,《自然》

杂志发表了以小鼠为实验对象的研究结果,发现受到长期干扰、只能进行碎片化睡眠的小鼠,其大脑分泌的一种激素——下视丘分泌素会减少,导致骨髓的造血作用增强,使得血液中白细胞的数量增多。这些白细胞会损伤动脉血管内壁,促进血管斑块形成。虽然达·芬奇非常有洞察力,已经通过解剖认识到动脉硬化是老年人死亡的一部分原因,但他没想到自己发明的这种别出心裁的睡眠模式竟然会增加动脉硬化的风险。

达·芬奇是一个远远领先于时代的天才,被誉为"近代科学的第一缕曙光"。但是,近代科学所依赖的严格的研究方法、研究人员专注而持续的研究、同行之间的交流、发表研究成果的刊物,这一切在他所处的时代都还没有形成。所以,和其他遥遥领先的天才一样,达·芬奇的智慧成果一度被湮没在历史的尘埃之中,人们需要更多的时间才能认识到其价值和意义。

人体血液循环的发现

对于具有现代生理学常识的人来说,古代和中世纪的学术权威们对血液的那些认识是十分奇特的:古罗马医学家盖伦(129—199)认为血液由肝脏源源不断地生成并贮存在静脉中,动脉血的鲜红色源于其中的"灵魂",心脏和肺同步运动(即脉搏和呼吸同步),血液由心脏中膈上的小孔从心脏右侧流到左侧……

现在看来,这些观点无疑是十分荒谬的,但其中也包含着一些从人体解剖中获得的真知:区分出动脉和静脉,知道其中都有血液流动且静脉血与动脉血不同,了解心脏的大体结构等。这些知识中既能看出人体解剖这种研究方法的贡献,也充分显现出其不足之处。对于只有在活体上才能观察到的血液循环,尸体解剖能提供的知识其实相当有限。了解心、肺和血管的解剖结构只是开始,离领会它们的功能还有很长的一段路要走。

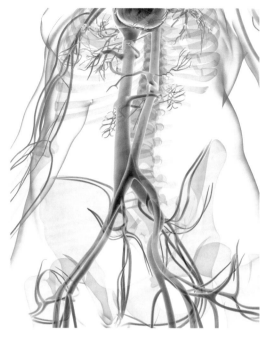

图1-6　动脉与静脉

　　在威廉·哈维（1578—1657）之前，已有少数学者提出血液从右心室经肺动脉入肺、再经肺静脉回到左心房的肺循环过程。但对心脏和整个血液循环系统的完整认识，则是哈维的历史性贡献。哈维在只有放大镜、还不知道有毛细血管的情况下，是如何取得这种了不起的成就呢？他超越同时代人的主要原因在于他不满足于假设和逻辑推理，而是运用了在当时非常先进而独特的实验和定量研究方法。

　　那时，与他同时代的伽利略·伽利雷（1564—1642）才率先开始尝试在物理学里采用这样的研究方法。所以，把哈维看作医学界的伽利略也不为过。他的开创性研究使他被后人尊为实验生理学之父，其成就不仅在于对人体血液循环的发现，更因其方法上的创新而开辟了一个全新的科学领域。

　　哈维自幼就对生物抱有好奇心和浓厚兴趣。在这点上，他和达尔文相似。

图1-7 威廉·哈维

所以要成为伟大的生物学家，与生俱来的好奇心和兴趣应当算一个有利条件。哈维出身于一个比较富裕的农民家庭，早年接受过正式的初等教育和中等教育。从剑桥大学毕业后，哈维前往意大利的著名学府、伽利略曾任教十八年之久的帕多瓦大学学医，并于1602年获得医学博士学位。学成以后，哈维成了一名业务繁忙、非常成功的医生，曾长年担任英国国王詹姆士一世（1566—1625）和查理一世（1600—1649）的御医。1628年，哈维的《心血运动论》出版。虽然哈维并不是在血液循环问题上有所建树的第一人，但他在发现和认识血液循环上的成就却远远超过前人。

　　哈维在帕多瓦大学的老师——法布里修斯（1537—1619）对人体的静脉瓣已经有了很好的实验研究和明确的结论，但盖伦对血液问题的那些古老看法仍然是哈维学医时学到的主要观点。这些观点给血液循环的发现蒙上了层层的迷雾，但敏锐的哈维突破了重重障碍。他首先致力于解决一个特别简单的定量问题：心脏每次搏动能向全身输出多少血液？他做了很多实验以求得准确的心脏每搏输出量，但同时也很清醒地指出，无须精确数据，仅凭粗略估算，即可得知心脏半小时之内泵出的血液就会超过生物体自身的体重。他以这种方式简洁明了地证明，血液不可能由心脏或肝脏源源不断地生成，既然心脏不停地跳动和泵出血液，而体内的血液是有限的，那么它必然是不断循环的。有了这个突破性的发现后，许多原来不能解释的问题，现在都可以迎刃而解了。静脉瓣的作用是什么呢？法布里修斯认为它如同水库的闸门，像调节水量一样调节身

8

体各部位的血液分配量;而哈维指出,静脉瓣是调节血液流向、防止血液倒流的生理构造。

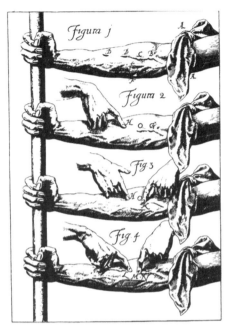

图1-8　哈维关于静脉瓣的实验示意图

哈维的解剖研究也超出了前人和同时代人的水平。他不再像别人那样仅局限于解剖人类尸体,而把解剖对象扩展到了冷血动物和垂死的哺乳动物。这样,他就能观察到仍在缓慢跳动的心脏,有机会亲眼看见血液循环的过程。他仅借助低倍数的手持式放大镜、解剖刀、剪刀、镊子、绳子等简单工具来进行解剖和分析,发现血液循环是因为心脏的肌肉收缩,心脏泵出的血液先被推入动脉,后又从静脉回流到了心脏。这种知识是无法从人类尸体的解剖中获得的。

哈维利用定性和定量两种研究手段,清晰地阐述了血液循环的全过程。他的学说里唯一的薄弱环节就是动脉和静脉之间的连接方式。在这个问题上,哈维也做了简单的实验,他发现在动物和人体上看不见血管的地方,割破皮肤之后也会有血液流出来。他据此推测,在静脉和动脉之间应当有"血管交织网"。而毛细血管的真正发现则是在三十年后,马尔比基(1628—1694)用显微镜对肺部进行精细解剖研究时获得的成就。

哈维的血液循环学说一经发表,马上引起了轩然大波。他的《心血运动论》出版数周之后,捍卫盖伦经典学说的人们就形成了一股反对浪潮,请哈维诊病的患者也减少了很多。哈维的反对者拒绝观察和讨论哈维的实验证据,法国的保守派医生们也拒绝相信哈维新创立的实验性科学。对此,哈维事先已有充分的估计。他说，没有一个四十岁以上的人能懂他的学说。量子理论的创立者普朗克也说过："一个新的科学真理取得胜利，不是通过让它的反对者信服，而是通过这些反对者的最终死去，熟悉它的新一代成长起来。"

顽固派们对哈维的攻击持续了数十年之久。但在哈维生前，他的学说已经开始发挥影响。英国的年轻科学家们对他的学说非常感兴趣，法国哲学家、数学家笛卡尔（1596—1650）对这个新发现也非常关注。医生们开始采用静脉注射、输血和放血疗法。不过在对血型还一无所知的当时，输血有时会造成患者死亡。

我们今天可能会嘲笑那些反对哈维学说的人，为什么他们会不接受明确的实验证据呢？已经被人普遍接受、深信不疑的理论真的会成为新理论的拦路虎吗？三百多年后的现代医学界，还会再犯这种愚蠢的错误吗？很不幸，历史再度重演了。

1982年，澳大利亚病理学家罗宾·沃伦（1937—）和内科医生巴里·马歇尔（1951—）经过精细的实验研究和一些小型的临床实验，已经证明了幽门螺杆菌在胃溃疡中的致病作用和抗菌药物的疗效。但当时对胃溃疡的病因已有定论，认为是精神压力过大或胃酸过多，所以医生主要采用抑酸剂进行治疗。沃伦和马歇尔的这一新发现处处碰壁，完全不被医学界接受。甚至在马歇尔自己喝下这种细菌培养液、患上胃溃疡，然后用抗菌药物将自己治愈之后，医学界仍对他们的研究发现视而不见。无奈之下，马歇尔远走他乡，移民美国。到了美国之后，他的研究经媒体报道后逐渐引起关注。从1993年起，美国医学界逐渐接受了这个细菌致病学说，并开始采用抗生素疗法治疗胃溃疡。1994年，美国卫生研究院（NIH）发表了新的指南，承认大多数再发性消化性溃疡的致病因可能是幽门螺杆菌，建议使用抗生素治疗。2005年，沃伦和马歇尔因这一发现荣获诺贝尔生理学或医学奖。

从1983年在实验研究中发现幽门螺杆菌的致病作用和抗生素对胃溃疡的疗效，到医学界开始接受这个观点，马歇尔和沃伦经历了十年。这说明，研究人

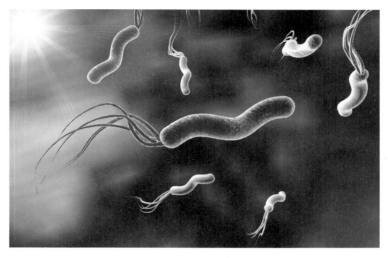

图1-9　幽门螺杆菌

员和医生并不是以一种绝对中立的理论立场来对待新理论的,先入为主的理论倾向并不是中世纪人们特有的偏执和蒙昧。无论古今,拘泥于已有理论,无法接受与理论不相符的新实验结果和新理论,都是科学领域中常常发生的现象。所以,科学的进步不仅需要高明的实验研究,也需要勇敢迎接新理论的开放心态和敏锐眼光。

近代天文学起点上的接力赛

1514年,波兰天文学家尼古拉·哥白尼(1473—1543)开始撰写他创立的新天文学的大纲,并在他的朋友当中传阅若干手抄本。但过了将近三十年,哥白尼的巨著《天体运行论》才正式出版。这时的哥白尼已经缠绵病榻,时日无多,无须再担心自己革命性的天文学理论会招致教会的不满与迫害了。但他的日心说理论只是这场天文学革命的开端,这是一桩未完成的事业,它所遗留的问

图1-10 尼古拉·哥白尼

题几乎和解决的问题一样多。所以，与其说哥白尼是近代天文学的革命者，不如说他是一个复古者更恰当。

哥白尼对当时居于统治地位的地心说的最大不满在于：一、它既不简洁又不优美，不符合古希腊人对理论模型的期待和评价标准；二、地心说为了使其数学模型与观测数据相吻合，经过反复修订之后，已经基本上放弃了所有天体绕地球做匀速圆周运动的最初假设，天体绕圆心运动，但地球被放到了偏离圆心的所谓"偏心等距点"上。

其实，地心说的理论模型原本还是符合哥白尼的这个标准的，地球作为中心和圆心，所有天体都沿着各自的正圆轨道绕地球做匀速圆周运动。模型本身很完美，问题出在历代地心说的传承者和捍卫者都有一个执念——这个纯粹数

◆ **古希腊的地心说与日心说**

地心说，也称天动说，是起源于古希腊的一种宇宙模型。在这个模型里，地球位于宇宙的中心静止不动，太阳、月亮和其他行星、恒星都在各自的轨道（或者说天球）上环绕着地球运行。

伟大的古希腊天文学家阿里斯塔克（约公元前310年—公元前230年）曾提出太阳与恒星不动、地球沿着圆形轨道绕太阳转动的宇宙模型。但因为不被当时的人们所理解和接受，所以他的日心说被埋没。

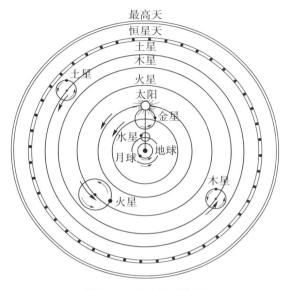

图1-11　地心体系简图

学性的理论模型一定要和天文观测数据相吻合。这成了这一派天文学家所有烦恼和辛劳的来源。而这种重视观测数据的传统,恰恰成了古希腊天文学不断演化和进步的终极动力来源。虽然地心说算不上正确,但它与人们的直观印象相符合,又提供了当时观测的基础和基本方法;没有地心说,就不会有近代欧洲的天文学革命,也不会有现代的天文学。

　　中国古代的天文观测家和历法制定者们就没有这种难缠的麻烦。河南安阳殷墟出土的甲骨文中,已经出现关于天象的丰富记录。至少从西周起,就有负责执掌天文历法的官员——太史。此后,由官方任命官员观察和记录天象的传统一直绵延不绝,日食、月食、彗星、太阳黑子乃至超新星的爆发,都一一被记录在册。中国人一直不断地努力修订和完善历法,力求精密和准确。但是,中国的天文学家从未费心想要构思出一个宇宙的几何模型去解释和预测天文现象。所以,中国古代的天文学传统满足于对天文现象的记录和描述,只追求实用性、追求历法的精准,但缺乏刨根问底的精神,使得它自身没有完成近代化转型的能力。

　　古希腊人的地心说模型在无须考虑观测数据的时候,有着一副非常端庄的面容,这也正是古希腊数学家们最钟爱的正圆轨道。太阳、月亮以及当时已知的水星、金星、火星、木星、土星,各有各的轨道,相安无事。可是,一旦要把实际观测到的行星运动轨迹放到这个模型里,麻烦就接踵而至了。最难缠的就是行星的运动,尤其是现在被我们称作地外行星的火星、木星和土星。古人之所

图1-12　地外行星

◆**行星的驻留和逆行**

　　公转过程中位于内侧轨道的地球追上并超过位于外侧轨道的行星如火星时,在地球上的观察者看来,火星在天空的运动发生了停滞(驻留)和逆行。就像我们在操场的内侧跑道上赶超了位于外侧跑道的选手那样。

　　位于地球内侧的水星和金星也会出现所谓"逆行"的现象。占星学上所说的"水逆"就是指水星的逆行,认为这种现象会给人带来霉运。但实际上水星从未逆行,人类的霉运也与水星的运动轨迹无关。

科学实验之功

14

以给恒星起名为"恒星",就是因为它们看起来总是处于天球某个固定位置之上,恒定不变;而行星的字面含义则是"游荡者",之所以取这个名字,便是因为它们似乎是在以恒星为背景的天球上东游西荡,运动起来随心所欲,时快时慢,其亮度也忽明忽暗,非常没有章法。

为了解释这种现象,不得不在地心说的模型原本简洁明快的同心圆体系里,再给这三颗行星各自套上一个小圆圈(即所谓"本轮")。本轮的圆心位于其所在的大圆圈(即"均轮")之上,而行星则绕着本轮的圆心做圆周运动。这样大圈套小圈所形成的复合圆周运动,多少可以提升一下模型与观测数据之间的吻合度。如果还不理想,那么再接着增加更多的圆圈。一来二去,圆圈的数量就增加到了80多个。这引起了哥白尼的极大愤慨。他觉得这是一个丑陋不堪的"怪物",他想要用更完美的模型来取代它,而完美对哥白尼而言,意味着坚守古希腊以来的古老信念:一是模型要简洁而优美,二是天体一定要做匀速圆周运动。就这样,哥白尼的日心说模型横空出世了。

日心说克服了地心说朴素而直观的观念,放弃了以静止不动的地球作为世界核心这种直觉赋予我们的观念。哥白尼凭借自己卓越的洞察力和数学才能,重新安排了宇宙的顺序,虽然那时人们眼中的宇宙其实基本上都没有超出太阳系的范围。他的新模型不仅用地球的自转运动来解释所有天体的东升西落,更有意义的是它可以非常好地解释行星那些奇怪的视运动轨迹。

哥白尼坚守的古希腊信条使他勇敢地提出了新的宇宙模型,但对正圆轨道的执着却把这个模型送上了不归路。借助开普勒的研究发现,我们现在已经知道,行星的运动轨道是椭圆而非正圆,所以哥白尼的模型必然是难以和观测数据精确吻合的。这样一来,诞生之初看上去很简洁的日心模型,又不得不像地心说那样,套上一个又一个的圆圈,最多的时候增加到了30多个。所以,这个新模型在定性上和总体上是正确的,但在定量上和细节上仍然是失败的。现代科学家用计算机推算16世纪时的行星位置,把哥白尼提供的星表与此前以地

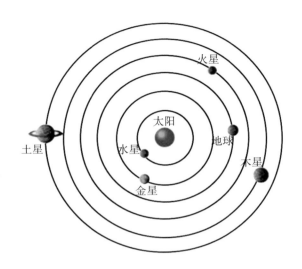

图 1-13 哥白尼的日心说模型

心说为基础的星表加以对比,发现二者在预测结果上相差无几。

所以,哥白尼的日心体系和他的工作方法仍然是延续了古希腊传统。哥白尼的颠覆性和革命性在于他用数学上的洞察力改变了过去直观的印象,提出了全新的宇宙模型。但要想把它变成真正精确的新天文学,还有数学和物理学两大方面的任务没有完成。

与哥白尼相比,丹麦天文学家第谷·布拉赫(1546—1601)的工作更具有近代科学的特征。首先,第谷在腓特烈二世的慷慨资助之下,于1576年建造了当时世界上设备最先进的天文台,第谷亲自设计和创制了大量精良的天文仪器,极大地改善了观测条件。其次,第谷不仅擅长建造精良的仪器设备,也非常了解使用这些设备可能导致的误差,所以他会预先计算设备的误差。他还训练自己的助手,让助手独立地对某一天文量进行重复观测以作比较,从而对观测误差的量级有了了解。这种工作程序,直到现在仍在运用。最后,第谷依靠他创制的这些先进设备,在天文台进行了长达二十年的观测。他的观测被称为"望远镜发明之前最精准的肉眼观测"。精密的实验设备、科学的操作流程、长期大量积累的实验数据,这些正是近代乃至现代科学的典型特征。所以,第谷当之无愧地被尊为近代天文学的奠基人。此外,第谷、开普勒、伽利略也是最早从数理统计角度探讨实验测量误差理论的近代科学家。

第谷以他的精密观测为基础,完成了一份新的星表,以取代哥白尼误差百出的星表。同时,他还以非常高的精度测定了很多重要的天文学常数。但第谷的宇宙模型却是折中而妥协的。他十分推崇哥白尼,却无法接受地球运动的观念。但他同样不接受经典的地心说模型。他通过对超新星爆发和彗星的精细观测后意识到,地心说中所谓月上界完美且永恒不变、天体沿正圆轨道运动的说辞是经不起用观测结果验证的。所以,在第谷的宇宙模型里,当时已知的五颗行星绕太阳旋转,带着五颗行星的太阳、月亮和所有恒星则围绕地球旋转。

图1-14 第谷·布拉赫塑像

第谷对近代天文学革命还有一个更重大的贡献,那就是他对开普勒的影响。第谷极为欣赏开普勒在天文学上显示出来的非凡才能,因此他邀请开普勒到自己身边工作,而当时开普勒失去工作,流离失所,处境十分困难。1600年2月,二人初次见面,随后展开合作。大约在1601年初,开普勒携家眷正式来到第谷身边。短短十个月后,第谷就去世了,他的宝贵观测数据则遗赠给了开普勒。

第谷对开普勒产生了巨大的积极影响。从研究方法上看,第谷固然欣赏哥白尼和开普勒精于数学推理的能力,但他认为推理应当以天体观测为基础。从研究方向看,第谷为开普勒指定了研究方向——火星轨道问题,因为他已经通过观测发现火星的运行轨道与正圆轨道不一致。从研究基础看,第谷遗赠给开普勒的观测数据,是其发现行星运行三大定律的基础。第谷本人的直接贡献,加上他对开普勒的影响和帮助,使得他对近代天文学的贡献绝对不在哥白尼之下。

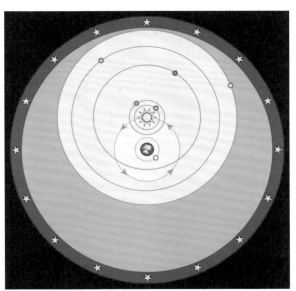

图1-15　第谷的以地球为中心的折中式宇宙模型

那开普勒又是怎样的一个人呢？约翰尼斯·开普勒（1571—1630），德国天文学家、数学家、物理学家，他还是世界上第一部科幻小说的作者。开普勒自幼体弱多病，缺少父母关爱，全凭自己努力学习，考入神学院并获得奖学金。成年后的开普勒，工作和收入一直很不稳定。他的一生贫病交加，两任妻子前后为他生下的十多个孩子，多半夭折于十岁以前，第一个妻子也因病早逝。他的生活充满了不幸和困苦，但这些挫折从未动摇过他对科学的热情，

图1-16 约翰尼斯·开普勒

也无损于他那苦中作乐的独特幽默感。其意志之坚定，恰与身体之孱弱形成强烈对比。

在杜宾根大学求学期间，开普勒从老师那里接触到了哥白尼的日心说体系，立即为之倾倒。他既能领会哥白尼艰深的数学计算，又同样醉心于古希腊人最欣赏的匀速圆周运动和力求简约的宇宙模型构建法则。然而，幼年时的疾病导致开普勒的视力很差，他在天文观测方面可谓先天不利，不过这并没有妨碍他设计出新式的望远镜。

有了第谷给他指明的研究方向和留下的观测数据，开普勒如虎添翼，他的研究开始向着完全不同的风格转变了。他既坚信第谷数据的精确性，又坚信这些数据对于构建新天文学模型的重要性，所以，与哥白尼缺乏精确观测数据支撑的日心说模型不同，开普勒的全新宇宙模型具备了近代科学的全部要素：精确的实证数据和精巧严密的数学推理。他运用第谷的数据和自己的数学才能，对哥白尼的宇宙模型进行了重大的修正，使之不仅成为数学上可靠的运算依据，也成为具有真实物理意义的宇宙模型。

在第谷的指示之下，开普勒首先利用观测数据分析火星的运行轨道。他耗费了很长时间，用数据来验证传统的地心说模型、哥白尼的日心说模型和第谷

的折中模型。令他失望的是,这三种模型都和数据不吻合。然而,这三种模型的共同点是都采用了正圆轨道,于是,开普勒开始放弃正圆轨道了。他先用卵圆轨道进行尝试,但左右不对称的卵圆形计算起来很困难,他便采用椭圆轨道进行近似运算,一开始的计算仍然没有得到预期的结果。经过四年劳而无功的努力之后,开普勒已经怀疑,自己的身体状况如此糟糕,可能未解决完这个问题就撒手人寰了,但他仍在继续努力。1605年,他终于发现用第谷的火星观测数据绘制所得的若干小点都可以落到一个椭圆轨道上。开普勒的这个发现,既离不开第谷的数据提供的帮助,也直接受益于古希腊数学家对圆锥曲线(包括椭圆)的深入研究。源自古希腊的正圆轨道观念在观测数据面前终于败下阵来。这便是行星运动第一定律——椭圆轨道定律:所有行星都分别在大小不同的椭圆轨道上运动,太阳位于椭圆的两个焦点之一。

图1-17 火星

开普勒对火星运行轨道的计算,绝对算得上是一场漫长而艰苦的持久战。相比之下,行星运动的第二定律对开普勒来说算是容易一些,胜利也来得更早一些。他认为行星运动的焦点应在施加引力的中心天体——太阳的中心。从这点出发,他断定火星运动的线速度是变化的,而这种变化应当与太阳的距离有关:当火星在轨道近日点时速度最快;在远日点时,速度最慢。他还认为火星在轨道上速度最快与最慢的两点,其向径围绕太阳在一天内所扫过的面积是相等的。然后,他又将这两点之外面积的相等性推广到轨道上所有的点上。这样便得出面积与时间成正比的定律,即行星运动第二定律。这是开普勒与哥白尼的一个重大区别。哥白尼的天文学是纯粹数学性的,而开普勒的天文学则具有明确的物理含义。引力、速度都是他所关心的问题,因此,他的成果也影响了后来如牛顿等学者。

时隔多年后,靠着看上去杂乱无章的数据,开普勒力图在行星与太阳的距离和它的公转周期之间寻找到一个和谐的数学比例关系。凭借着惊人的毅力和非常有限的数学工具(对数直到1614年才问世,开普勒早年的工作都没能用到它),他用了九年的时间,终于找到了他想要的数学定律。在1618年发表的著作中,他阐述了行星运动第三定律——行星公转周期的平方与它绕太阳运行的椭圆轨道半长轴的立方成正比。牛顿的万有引力定律,就以开普勒的行星运动三定律,尤其是第三定律作为起点。

从哥白尼到第谷、从第谷再到开普勒,天文学的这段传承就像一段精彩的接力赛。在哥白尼手中,近代天文学有了一个很好的开局,其基本模型是革命性的,但方法和核心假设仍是古代天文传统的产物;第二个上场的第谷虽然模型是妥协式的,但工作方法却更具革命性和近代科学特色;最后出场的开普勒完美地将哥白尼革命性的模型和第谷革命性的方法结合在一起,最终完成了近代天文学的这场革命。

但是,日心说仍有一些致命的缺陷亟待修补,那就是它的物理学基础不足。如果太阳每天围绕着地球东升西落的运动真的只是视运动,这一切都可以用地球每天不停地自转来加以解释,但在地球上发生的很多现象仍然是日心说无法解释的。这也是自古希腊就已存在的阿里斯塔克的日心说一直没有解决的问题:为什么飞速自转的地球没有把空中的飞鸟、抛出去的石头远远地甩在后面? 这是新的天文学与旧的亚里士多德的物理学之间的不兼容问题。古希腊天文学的集大成者托勒密认真考虑过地球自转的可能性,并且知道地球自转和太阳绕地球转动这两种模型在天文观察上是等价的。他没有采用地动说的原因也出于物理学上的考虑。这个问题需要一位革命性的物理学家才能解决,他就是伽利略。

科学新纪元——伽利略

图1-18 伽利略塑像

伽利略是近代伟大的意大利科学家,同时也是一位擅长音乐、绘画、写作和各种机械发明的全才。他和多才多艺的达·芬奇一样,继承了古希腊自阿基米德(公元前287年—公元前212年)以来的发明创造传统。伽利略比达·芬奇更高明的是他不仅善于使用阿基米德的数学方法,而且能够专注于解决特定问题,而不是过于分散自己的天才和注意力。伽利略和阿基米德一样,实现了学者传统与工匠传统的完美结合。正是在伽利略的手中,物理学完成了由古代向近代的重大转变,从哲学思辨的古老传统转向了重视实验、重视定量分析的崭新研究方法。除此之外,伽利略还是一个长于理论分析、演绎推理和理想实验的杰出理论家和数学家。他的自由落体运动定律和惯性概念为牛顿和爱因斯坦的物理学创新奠定了必要的基础。

伽利略所做的实验中最为后人所熟悉、也最具轰动效应的无疑当数比萨斜塔上的落体实验。但伽利略到底有没有以这种引人瞩目的方式做过这个实验,科学史家看法不一。因为伽利略自己在著作中从未明确地提到过如此轰动的实验,但他确实多次在著作中提到过在塔上所做的落体实验。在伽利略被天主教会下令软禁家中的凄凉晚年生活中,作为其助手和学生的维维安尼(1622—1703)一直陪伴其左右。视力和健康状况日益恶化的伽利略与自己的这位极富才华的年轻弟子无话不谈。正是在维维安尼的著作中，对比萨斜塔上的这个实验做了记载："在有其他教授、哲学家和全体学生在场的情况下，从比萨塔楼的最高层重复地做了多次实验。"

图1-19 比萨斜塔

所以，伽利略很有可能是通过落体实验（无论是不是在众人瞩目的比萨斜塔上）排除了对落体定律的疑虑。也有人认为他是通过斜面实验得到了这个结果。这是在他之前的其他先驱们没有完成的任务，可能包括达·芬奇在内的一些欧洲学者已经得出了匀加速直线运动的公式，但他们都没有像伽利略那样做过实验。

伽利略的能力远远领先于同时代的其他科学家，令人赞叹。当时几乎不存在包括钟表在内的各种当今习以为常的基本仪器设备，他在那种条件下能设计出各种巧妙的实验，实在是富于创造力。他在利用斜板进行铜球下落实验时，

◆ **忠心耿耿的弟子——维维安尼**

维维安尼是一位非常有才华的数学家和物理学家。伽利略死后，是维维安尼而非伽利略的儿子安葬了伽利略。由于天主教会的严厉态度，维维安尼未能如愿隆重地安葬伽利略。但他悄悄地把伽利略与其最钟爱的、早夭的大女儿合葬在一起。而且，终身未婚的维维安尼还立下遗嘱，要用自己的遗产将伽利略迁葬在佛罗伦萨圣十字教堂。随着教会立场的软化，1737年，维维安尼家族中的继承人终于完成了他的凤愿。

所使用的计时设备就是装有漏水管的水桶和盛水的杯子。伽利略通过称量流到水杯中的水的质量来计算时间。虽然古代人们就已使用漏壶计时，但不曾有人将它用作科学实验中进行精密定量研究的辅助手段。他面临的另一个困难是当时的意大利完全没有统一的长度单位，不过，这也难不倒伽利略。和测量时间一样，他在这个斜面实验中只需测量和计算每个距离之间的比例关系，而无需精准测量其绝对值，所以这个问题也被解决了。

伽利略的实验才能还体现在他的诸多发明上。从年轻时起，作为家中长子的伽利略就承担着父亲交托给他的家庭重担；在成年和年老之后，大家庭带给他的经济负担仍旧有增无减。但伽利略拥有一种变阻力为动力的卓越才能。他不断地发明出各种具有实用价值的物品，以此谋求更丰厚的薪水、更好的教职，甚至直接制造和售卖自己的发明，借以增加收入、改善家庭的经济状况。在将自己的科学才能变现这个问题上，伽利略是精明能干而且极为成功的。

1597年，伽利略发明了一种军用几何圆规。1599年，这个圆规经过改进之后，变成了计算的神器，可以计算复利、货币兑换率、不同尺寸的炮弹的装药量。造船厂的工人们还用这个圆规来完成和检验他们新设计的船体模型。伽利略自己动手制作了最初的一批产品，但是他需要批量化生产以满足时人之需，所以伽利略专门雇了一位工匠来制作圆规，所得利润的大部分都支付给了工人，伽利略则靠教人使用圆规和出版圆规的使用手册来获利。这是伽利略第一次取得商业上的成功。

1609年，伽利略听说荷兰的一个眼镜商发明了一种叫做"千里镜"的东西，可使远处的东西看起来更近。这种新奇的玩具在法国巴黎已经大量生产和销售了，但在意大利还没有人见过。伽利略敏锐的判断力、卓越的数学才能和极好的动手能力立刻被调动起来了。他认为这种新发明非常具有军事价值，他想要更大的放大倍数。伽利略计算出玻璃的最佳形状和安放位置，并亲自动手研磨镜片。试制成功之后，他带着自己的发明向威尼斯的权贵们进行展示。威尼斯元老院的议员们个个感到惊奇无比,发现它能使人们提前两个小时看到远处驶来的舰队。它不单单是一种用于消遣和娱乐的新奇物品,其军事价值是毋庸置疑的。伽利略的这次推销极为成功。他得到了帕多瓦大学终身教授的职位,薪水比原来高了五倍。所以,从事基础科学和应用科学导致的经济收入上的天差地别,早在科学研究尚未职业化的17世纪就已经十分明显了。

精明的商业头脑完全无损于伽利略的科学研究。他是最早把望远镜对准天空的人之一。他用自己发明的望远镜完成了一系列重大发现。如果说伽利略在用望远镜观测天空之前,就已经接受了哥白尼的日心说的话,那么他主要还是基于数学上的理由。有了新工具之后,他获得的这些新的观察,成了日心说最有力的观测证据:一、传统的天文学认为地球是宇宙的中心,一切天体都围绕地球转动,可是伽利略发现了木星有四颗卫星,很显然地球至少不是这四颗新卫星的中心,而且木星和它的卫星所形成的天体系统恰恰如同哥白尼所描绘的太阳系一样;二、地心说宣称天空中的月上界充满了完美的以太(亚里士多德所设想的一种物质),除圆周运动之外,没有任何变化,而伽利略不仅发现了太阳黑子及其变化,还发现了月球表面的坑洼不平和高山低谷,这意味着月上界的以太不仅不完美,而且有各种变化,伽利略观测到的新星爆发也说明了月上界并非

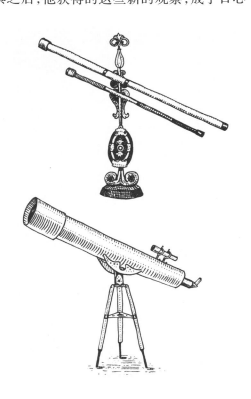

图1-20 伽利略望远镜

图 1-21　伽利略讲解如何使用望远镜

静止不变。伽利略写成了《星星的信使》和《关于太阳黑子的书信》,详细介绍了他的新发现。这些著作和发现既给他带来了荣誉、声望和成功,也为他招来了忌恨和仇敌。尤其是伽利略传承自父亲的诙谐文笔,很受读者喜爱,但却令他在学术上的对手十分恼火。虽然伽利略在宣扬日心说时相当谨慎,并在教会的高层有很多知己和密友,但最终仍受到了罗马天主教廷的迫害。

　　伽利略对日心说的贡献远不止于借助望远镜观测带来的新证据。他借助生活常识和思想实验,完美地解决了日心说必须回应的地球自转所带来的物理学上的疑点:为什么自转的地球不会把地球上的物体远远地甩在后面? 伽利略在那本为他招来了罗马天主教廷严厉审判的名著——《关于托勒密和哥白尼两大世界体系的对话》中给出了一个十分巧妙的比喻:在一艘停止不动的大船的船舱里,自由飞翔的苍蝇、蝴蝶,从水瓶里向下滴落的水滴,水碗里游动的鱼,在船舱里跳跃或互相扔东西的人们,在船匀速行驶且方向也没有任何变化时,

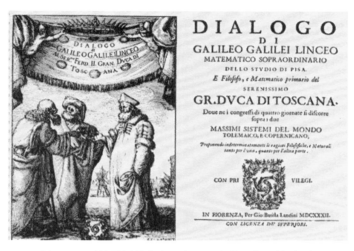

图1-22 《关于托勒密和哥白尼两大世界体系的对话》

他们的这些种种运动也不会有任何的变化。后人把伽利略指出的这条规律总结为相对性原理,成为支持地球自转运动存在的一个重要理论基石。此外,这条原理还构成了后来爱因斯坦的狭义相对论的基本原理之一。

总的说来,伽利略生在一个科学实验设备相当匮乏的时代,但这不仅没有阻碍他取得成就,反倒成了他的创造才能得以施展的一个起点。他发明了温度计、摆式脉搏计、测定金银密度的浮力天平,并作为宫廷中的御用学者负责遴选水利工程方案、解决大钟铸造困难等实际应用问题。他能得到诸多达官显贵的垂青和厚爱,并不是靠着阿谀奉承,而是靠着真才实学。当然,和开普勒一样,占星术也是他为贵人们提供的日常服务之一,虽然他们两个人实际上心里都对此抱着不以为然的态度。

伽利略解决铸钟问题的办法,非常完美地体现了学者传统与工匠传统的结合。1633年,人们在锡耶纳动工,想要铸造一口塔楼用的大钟。在一个巨大的支架里,倒置着黏土制成的外模。为留下灌注金属汁时必不可少的空间,黏土制成的内模被悬吊进外模之内,并留有适当的间隙。浇筑过程中,随着熔融金属的注入,极为沉重的内模竟然上浮,原本设计好的钟体未能成形,这次铸造失败了。人们惶惶不安,做出了各种各样的推测。

伽利略让人给他送来一个内模的精确的木制模型。他在大主教的家中做了一个实验。他首先在这个木模型中填入金属粒屑以使其比重增大并接近于黏土内模,然后用一个玻璃尿壶当作外模的替代品。他将木模倒置入玻璃壶中并留出空隙,然后从其顶部的一个洞向内灌注水银。水银的液面高度刚刚有所提高,就立即把木模顶了起来,虽然此时水银的质量才达到木模质量的二十分之一。伽利略早在青年时代就已做过浮体实验,并发明了浮力天平。他对此类问题的理论分析轻车熟路,这种结果他早有预见。所以,伽利略说,尽管内模非常沉重,但金属液还是能使它上浮起来。问题的原因找到了,伽利略同时也给出了解决方案:下次浇铸时把内模顶部的把手牢牢固定,以免其再上浮。就这样,第二次铸造终于成功,令大主教十分高兴。

伽利略在数学、绘图、物理学概念的提炼与推理、实验设计、科技设备的设计与制造等多方面的才能,使他成为近代影响最深远的科学巨匠之一。伽利略作为科学新时代的开拓者,其在科学史上的地位是毋庸置疑的。牛顿自称是站在巨人的肩膀之上,伽利略正是支撑起牛顿的巨人之一。

微信扫码

看科学实验小视频高效学习
添加学习助手获取服务

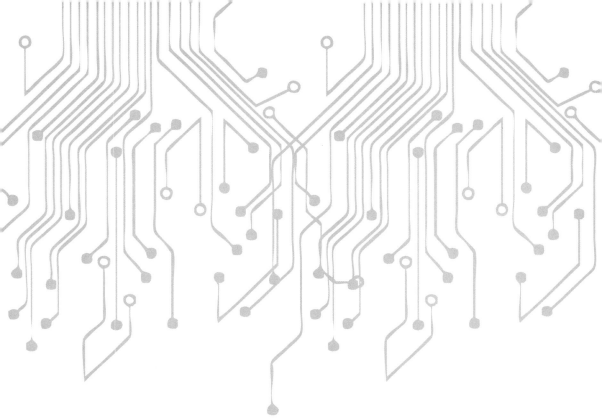

第2章

科学发现的百宝箱

　　17世纪,诞生于欧洲的科学实验方法一直在不断发展和飞速进步。科学家的实验思想和实验设计越来越复杂和精巧,各种崭新的实验技术和实验设备层出不穷。这些新的实验思想、实验设备和实验技术常常带来始料不及的实验结果,科学家为了理解和解释这些新现象和新结果,不得不构思出新的科学假说和理论。新的研究对象和研究手段催生了前所未有的新学科和新理论,人们探索世界的视角也变得越来越丰富、越来越深入。本章将用科学史上的几个事例来说明,科学实验方法在发现新事实和新现象、测定和获得更准确的科学常数时所发挥的无可替代的作用。

发现新事实：蛋白质与基因的结构

蛋白质有结构吗？

早在人们破译 DNA（脱氧核糖核酸）的双螺旋结构之前，就已经知道蛋白质这种生命基本物质是由非常复杂的高分子组成的。可它具有特定的结构，还是处于无序的状态？1935 年，科学家形成共识，知道纯化后的蛋白质在酸或碱的作用

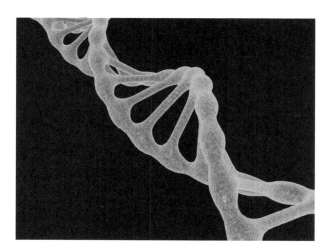

图2-1　脱氧核糖核酸

下，可以水解成20种氨基酸。这时，美国化学家莱纳斯·鲍林（1901—1994）开始致力于研究蛋白质的结构问题，他接受了德国有机化学家埃米尔·费舍尔（1852—1919）提出的观点，即认为蛋白质是由多个氨基酸分子缩合而成的肽链。鲍林的研究持续进行了十五年才结出硕果，他最终揭示了蛋白质分子的一种二级结构形式——α螺旋结构。凭借这一突破性的研究成果，鲍林获得了1954年的诺贝尔化学奖。

但鲍林的这一重要发现只阐明了蛋白质分子的二级结构，更基本的一级结构还没有得到答案。某种特定的蛋白质，比方说构成我们指甲和头发的角蛋白是由哪些氨基酸分子组成的呢？这个组成是否具有一定的规律和排列顺序？最终解答这个问题的人是英国科学家弗雷德里克·桑格（1918—2013）。

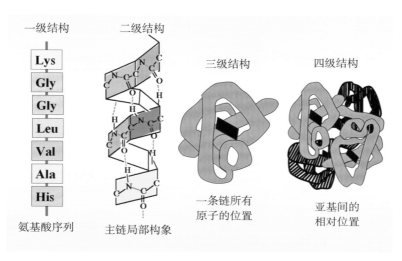

一级结构　　　二级结构　　　三级结构　　　四级结构

Lys
Gly
Gly
Leu
Val
Ala
His

氨基酸序列　　　主链局部构象　　　一条链所有原子的位置　　　亚基间的相对位置

图2-2　蛋白质的结构层次

　　桑格一直自认为是个天资并无过人之处的普通人。其实,这个学习生物化学的"普通人"毕业于英国剑桥大学,拿到了博士学位,是唯一一个两次获得诺贝尔化学奖的科学家。桑格这个"普通人"有着怎样的传奇人生呢?

　　中学时代的桑格十分喜欢科学课程,他提前一年以良好的成绩通过毕业考试,中学的最后一年,桑格基本上是在学校的实验室里度过的。在那里,有一位曾在著名的剑桥大学卡文迪许实验室工作过的老师对桑格进行了化学方面的指导。1936年,桑格进入剑桥大学学习自然科学。桑格的数学和物理都不太好,所以在第二年,他用生理学课程代替了物理学。在大学的高年级阶段,桑格选择了生物化学,这是在当时

图2-3　弗雷德里克·桑格

的剑桥大学新开设不久的专业。1940年,桑格凭借其和中学时代一样优秀的成绩,拿到了一等荣誉学士学位。

大学毕业后的桑格有志于从事研究工作,但又觉得自己的简历缺少亮点,所以他向剑桥大学申请自费攻读博士学位。也就是说他不仅不要奖学金,而且连研究工作所需的经费都要自掏腰包。桑格一直很谦虚,他说如果不是他的父亲也毕业于剑桥大学、如果他的母亲不是十分富有的话,他就不会有机会进入剑桥大学读书了。对于达尔文和桑格这样家境富裕、无须为钱工作的人来说,研究常常是一种发自内心的真爱。

桑格在剑桥大学生物化学系的工作地点就是地下室小白鼠饲养笼边上的工作台。由于终年不见阳光,可以想象那里的气味是多么的难闻。但桑格并不介意,他对自己的这份研究工作非常满意。多年来他一直保持着每天最早到实验室、最晚离开实验室的工作习惯。虽然他并没有急功近利地要发表论文,但并不意味着他不想做出成绩。他想踏踏实实地一步一步前进,而这正是很多科学研究人员难以拥有的心态和难以企及的境界。

1943年,桑格博士毕业即加入了剑桥大学生物化学系主任查尔斯·奇布诺(1894—1988)的研究小组。奇布诺当时已经针对牛胰岛素蛋白的氨基酸组分进行了一些分析工作,他把这个工作交给了桑格。从此,桑格再也不用自己负担研究经费了。他们选择牛胰岛素作为研究对象,其实原因很简单——这是当时人们能够分离和提纯的为数不多的几种蛋白质之一,可以很容易地从附近的药店买到。对桑格的研究来说,牛胰岛素还有一个特别重要的优点,就是它的分子量相对较小——只有51个氨基酸分子,是一个比较容易取得突破的研究对象。如果氨基酸分子量过大,桑格"十年磨一剑"所取得的成果可能变得要耗上几十年才有机会成功。

就这样,桑格歪打正着地选择了一个极具医疗价值和应用前景的研究对象——牛胰岛素。当时的人们已经了解胰岛素这种蛋白质激素对于生物,尤其

是人类正常生理活动的巨大作用和
价值,并在糖尿病的治疗中逐渐推广
应用。对制药公司和患者来说唯一
的障碍就是原料来源——牛胰岛素
的产量十分有限。每一瓶胰岛素注
射液的生产都需要消耗成吨的牛胰
脏,所以实在是难以满足众多糖尿病
患者的巨大需求。桑格的研究取得

图2-4　胰岛素注射液

成功后,极大地促进了人们对各种动物及人类胰岛素结构和功能的理解,也
为后来使用基因工程方法用大肠杆菌和酵母菌生产人胰岛素奠定了基础。
所以,看似没有明确的直接效益和应用的基础研究,完全有可能创造出难以
估量的应用价值。当年的物理学家在实验室里沉醉于关于电的各种研究时,
人们也看不出它会有何种明确的用途。而今天,没有电的生活是普通人无法
想象的。

　　研究目标明确了,那该采用什么方法呢? 如果是别人已经开拓好的研究领
域,就可以采用已有的、通行的研究方法。但桑格的这个研究领域当时还是一
片处女地,没有现成的方法可用。他注定就是拓荒者,需要从零开始,在黑暗中
不断摸索和尝试。没想到,这项研究竟整整花费了桑格十年的时间。

　　桑格首先发现,牛胰岛素并不是一种无序结构,而是由两条长肽链结合而
成的,它们分别含有21个和30个氨基酸。那么,这两条长肽链是由哪些氨基
酸、又是按照什么样的顺序排列的呢? 他在反复摸索的过程中发明了一种试
剂,可以把胰岛素降解为小的蛋白质片段(肽链)。桑格发明的这种试剂成了他
的独门利器,后来被人们称为桑格试剂。不过,这种试剂的开发过程相当不
易。桑格尝试过的一种试剂曾把同实验室的人的生物制品都给染成了红色,结
果遭到投诉,不得不停用。

桑格把降解后的蛋白质小片段和专门水解蛋白质的胰蛋白酶混合,再通过色层分析法和电泳法对其进行分析。分析的结果可以确定每个短肽链中氨基酸的排列顺序。他得到的结果类似于 ABC、BCD、CDE……UVW、VWX、WXY……通过数百次地重复这一程序,桑格和他的同事们确定了氨基酸以何种顺序构成了牛胰岛素的组成部分。也就是说,他终于知道,这些字母是从ABC 一直到 XYZ 这样排列的。相当于他把盖好的房子拆成了一块块砖块,并且为每块砖块都准确地标上了序号。鲍林的工作阐明了这些砖块以何种方式和结构砌成了建筑物,但是用的是什么砖、每块砖应该摆放在哪里,这些问题是由桑格解答的。

桑格把这些被拆解成单个氨基酸和由氨基酸组成的短肽链的组分再重新拼接成原来模样的氨基酸长链,最终确定了胰岛素的整个氨基酸序列。这个过程,事后复述起来并不复杂,但对于当时的桑格来说,就如同靠着单薄的人力一路推着巨石上山。这种给蛋白质测序的方法,工作量是十分惊人的。对于后人来说十分清晰的操作思路和技术路线,对于开拓者来说并不存在。他需要反复地尝试和不断地经历失败的过程,才能找到可行的办法。就这样,巨石一次次地被推上山顶、又一次次地滚落下来。桑格的实验笔记里记载了自己一次又一次的失败过程。若没有水滴石穿的坚持,桑格就等不到拨云见日的那一天。

1953 年,桑格公布了他和同事们历尽艰辛得来的研究成果,他证明了牛胰岛素是具有特定序列的 51 个氨基酸构成的蛋白质,并由 A、B 两个氨基酸链条组成,A 链有 21 个氨基酸,B 链有 30 个氨基酸,两个链条通过两对二硫链连结成一个双链分子,A 链本身还有一对二硫键。桑格的研究成果发表后,引发了学术界和医学界的极大反响。人们运用桑格发明的方法对人、猪、牛的胰岛素进行详细分析比对,终于明白了为什么牛胰岛素会导致一些糖尿病人出现过敏反应或疗效较差的情况,原来虽然二者的氨基酸序列都是 51 个氨基酸,但其中有 3 个氨基酸是不同的。

桑格在牛胰岛素蛋白质测序过程中发明的试剂和开创性的测序方法也成为生物化学领域的常规技术方法。桑格成为了蛋白质测序领域的开山鼻祖,并因这项开创性的贡献获得了1958年的诺贝尔化学奖。桑格还确定了猪、马、绵羊和鲸的胰岛素所存在的氨基酸排序上的差别。这一发现对于人类及相关疾病的治疗有特别重要的意义。1965年,我国科学家通过团队合作,在世界上率先人工合成了牛胰岛素,这一伟大成就的取得也离不开桑格的发现所奠定的重要基础。

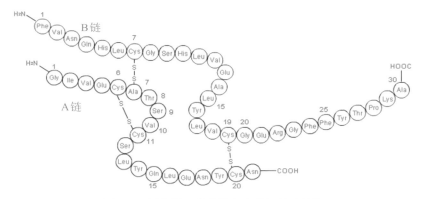

图2-5 桑格揭示的牛胰岛素的氨基酸结构

诺贝尔奖委员会对此评价道:"有些时候,重要的科学发现是突然出现的——如果时机恰当,而前期研究也足够成熟的话。但桑格的发现却不属于这一种,测定蛋白质的结构是多年努力和辛勤工作的结果。"这是他多年沉浸于看上去枯燥、烦琐、不断重复的实验研究之中才能取得的成果。只有他本人才知道自己经历了多少次令人气馁的失败和挫折。

但桑格的传奇并未结束,获得诺贝尔奖后,他还是默默地埋首于实验之中。这次他想给RNA(核糖核酸)和DNA测序。DNA的双螺旋结构明确以后,人们已经知道它是由四种核苷酸经排列组合而成的。如果能破译这些核苷酸的排列顺序,无疑就是破译了包括人类在内的每种生物体的遗传密码。毫无疑问,这个新目标是极其宏大的。从工作量上来看,一条DNA上的核苷酸数量是蛋白质氨基酸数量的成千上万倍。桑格稳扎稳打、步步为营,从小目标开始。1965年,他完成了含有120个核苷酸的大肠杆菌的RNA全序列分析。此后,他又多次创造出RNA序列分析方面的新技术。1975年,他和同事们建立了DNA核苷酸序列分析的快速、直读技术,并分析出含有5386个核苷酸的噬菌体DNA全序列。1978年,桑格在前述方法的基础上又发明了能够更简便、快速、准确地测定DNA序列的"链末端终止法",这种方法后来被命名为"桑格法"。他随后完成了人线粒体DNA(全长为16569个碱基对)的全序列分析,为整个生物化学、特别是分子生物学的研究开辟了广阔的新领域。他因这项工作于1980年再次荣获诺贝尔化学奖。

而桑格的贡献还不止于此。在他的有生之年,他见证了人类基因组计划的推出和最终完成,而他发明的DNA测序技术正是这一宏伟计划的奠基石。桑格的传奇一直延续到他的生命结束之后,他发明的为DNA测序的桑格法一问世就很快成为各个分子生物学实验室的常规方法,在二十多年的时间里一直是最常用的测序方法。如今,DNA测序已经可以完全借助于自动化的仪器和软件,但在实验室的小规模DNA测序中仍在使用桑格法。

桑格在其自传中说:"和我多数的科学同行不同,我在学术方面并不聪颖。不过,在那些实验非常重要以及相当狭窄的专门知识很有用处的研究领域,我努力让自己与学术上最优秀的人并驾齐驱。"他的这段话非常好地说明了他凭借在实验上的极度投入和对特定研究方向的高度专注,最终在生物化学领域取得骄人的成就。

科学实验常常会带来意外的发现,无论是电子、X射线还是青霉素,其发现都不是实验设计的初衷所在。这就是实验方法与理论方法之间的一个重大差别。虽然在理论推导过程中有时也会产生预期之外的结果,但实验带给人们的意外更加丰富多彩,更加难以捉摸。就如同常年在海洋里捕鱼的渔民一样,即使经验最丰富的渔民也会碰到从未见过的海洋生物;实验就如同科学发现的海洋,总会产生出其不意的新结果。

1953 年,沃森和克里克提出 DNA 的双螺旋结构模型。1955 年,克里克在 DNA 双螺旋的基础上,进一步提出"中心法则"——遗传信息从 DNA 传递给 RNA,再从 RNA 传递给蛋白质,由此完成遗传信息的转录和翻译的过程。这一法则明确指出,遗传信息不能沿着相反的路径传递。

基因是具有遗传效应的 DNA 片段。在 DNA 双螺旋结构被破译之后,人们一直以为基因自身的结构是连续的。可是,1977 年的一项实验却得出了令人大感意外的观察结果。

在美国工作多年的华人女科学家周芷(1943—)与理查德·罗伯茨(1943—)、菲利普·夏普(1944—)在对腺病毒的研究中发现,在显微镜下看到的情况并不完

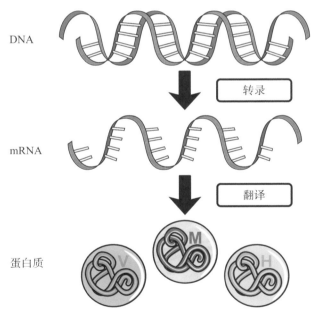

图 2-6　遗传的中心法则

◆ **结构基因**

结构基因是指编码任何蛋白质或非调控因子的RNA的基因。其核苷酸顺序既能决定一条多肽链（蛋白质链）一级结构上的氨基酸序列，也能决定一条多核苷酸链［如mRNA（信使核糖核酸）］的核苷酸顺序。一种结构基因对应于一种蛋白质分子。

全符合中心法则。mRNA在接受结构基因的遗传信息时，看来并没有原模原样地对其加以复制，而是删掉了其中的一些片段，并把余下的片段组装到一起，并以此作为编码蛋白质或RNA的遗传信息基础。也就是说，能够编码蛋白质的结构基因的编码序列是不连续的，中间插入了没有编码作用的碱基序列，所以这些基因被称为"断裂基因"或"割裂基因"。

虽然这项实验的研究对象是腺病毒，但这种病毒的DNA排列与包括人类在内的高等生物的基因非常相似，即都是由若干编码序列（外显子）和非编码序列（内含子）相互间隔又连续镶嵌而成的。为什么包括人类在内的真核生物的

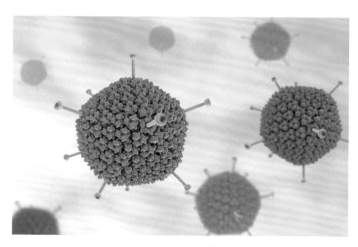

图2-7　腺病毒

◆ 垃圾 DNA

　　垃圾 DNA 是指 DNA 中不编码蛋白质序列的片段。在 DNA 上,散布着能编码蛋白质的结构基因。人类的结构基因只占全部 DNA 的一小部分。分布在结构基因之间、不编码蛋白质的碱基序列就是所谓的垃圾 DNA。越来越多的实验研究正在逐渐揭示它们的作用和功能。它们实际上并不是完全无用的。

结构基因中会包含这些看似没有功能的内含子?为什么原核生物的基因中几乎没有内含子?起初,人们曾以为这些位于结构基因内部的内含子也是垃圾基因,没有任何用处。可随着研究的逐渐深入,人们已经发现内含子在基因表达调控中有着很重要的功能,而且内含子如果出现错误剪切,有时会引起疾病,如严重联合免疫缺陷病这种致死性疾病。

　　周芷、罗伯茨和夏普的这一实验结果不仅让人们重新认识了 DNA 的精细结构,而且刷新了人们对于真核生物的遗传和进化模式的理解,对于肿瘤等遗传病的医学研究也产生了非常重要的意义。1993 年,这项研究获得了诺贝尔生理学或医学奖,成为现代分子生物学和分子遗传学发展的又一个重大理论进展。

发现新现象:一段激动人心的物理学史

　　20 世纪的三四十年代,从经济上看,这是西方资本主义世界危机十分严重的一段时期;从政治上看,第二次世界大战一触即发,战争的乌云一直笼罩在欧洲上空。然而,灾难深重的这二十年,在物理学史上却是英才辈出、重大发现接踵而至的一个黄金时代。

恩利克·费米（1901—1954），意大利物理学家，第二次世界大战前夕移居美国。物理学发展到19世纪以后，分支学科越来越多，擅长不同领域的物理学家也逐渐分为理论物理学家和实验物理学家两个阵营，而费米却是一位十分少见的兼跨理论物理与实验物理两大领域并且能够来回自由切换的学者，成了现代物理学史上的一道独特风景线。

费米在青年时代就已登上事业的高峰：21岁获比萨大学博士学位，25岁

图2-8　恩利克·费米

任罗马大学理论物理学教授，28岁任意大利皇家科学院院士。25岁时，费米发表了关于量子统计学的论文，他的才能和成就得到了国际物理学界的认可。

1932年，英国物理学家詹姆斯·查德威克（1891—1974）确认了中子这种不带电的新粒子的存在。1934年，居里夫人的女儿伊雷娜·居里（1897—1956）和她的丈夫弗莱德里克·约里奥用α粒子轰击原子核，发现了人工放射性。但是，用α粒子不能使原子序数大于20的原子核分裂，只有较轻的原子核才能被α粒子轰击分裂，而且轰击的命中率非常低。

这时，费米敏锐地意识到，可以用中子这种新发现的粒子代替α粒子来轰击原子核，因其不带电，不会像α粒子那样受到带正电的原子核的排斥，所以，应当是更有效的炮弹，应该能够产生更多种类的人工放射性。

费米说干就干，马上带领自己的小组转到这项实验研究上来。虽然设备基础为零，但这难不倒费米。用作粒子探测器的盖革计数管是他自己动手做的，因为这种设备当时刚刚问世，市面上还买不到。实验必备的中子源也七拼八凑地

图 2-9　原子模型

第 2 章　科学发现的百宝箱

◆ 人工放射性

只有少量原子序数较大的重元素具有天然放射性,可以自发放射α、β或γ这三种射线。α射线是放射性物质所放出的α粒子流,α粒子就是带正电的氦原子核。β射线即放射性物质发生β衰变时所释放出的高速运动的高能量电子流。放射性原子核在发生α衰变、β衰变后产生的新核往往处于高能量级,要向低能级跃迁,辐射出γ光子。原子核衰变和核反应均可产生γ射线。采用人为轰击方法使某些物质产生的放射性,就是人工放射性。

弄成了——他们仅有的 1 克极其宝贵的镭是借来的,从镭的衰变过程中提取放射性产物氡气的设备也是借来的。他们把氡气充进装有铍粉的瓶子里,氡气衰变时产生的α粒子轰击铍原子核,就能产生中子。氡气的半衰期还不到四天,所以他们每周至少要提取一次氡气。用于照射实验物质并使之产生人工放射性的中子源放在长走廊的一端,检验放射性的盖革计数器放在长走廊的另一端,以避免中子源对计数产生干扰。被中子源照射过的物质其放射性存续的时间长短不一,半衰期最短的需要在一分钟之内完成检测,否则就无法再检测了。所以,拿着被中子辐照过的待检验物质飞速跑完一整条长走廊就成了这个实验小组成员们必不可少的操作流程。

就凭着这种没有条件创造条件也要上的精神,他们在短时间内取得了很多惊人的成果。费米等人非常有条理地用中子依次轰击了当时元素周期表中的所有元素,果然如他所预期的那样,产生了很多种放射性核素(已有元素的同位素)。

在当时已知的元素周期表上,92 号元素铀是最后一种元素。费米想,用中子轰击铀核,铀核吸收中子后若发射出β粒子,那就意味着原子核里多了一个

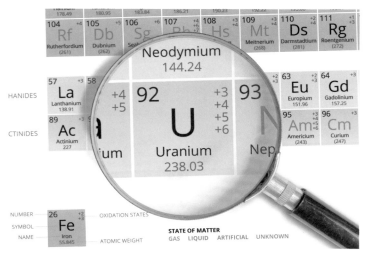

图 2-10　92 号元素铀

或两个质子,也就是说产生了93号或94号超铀元素。他们用中子轰击铀核后,确实发现了带有β放射性的元素。因为生成的量实在太少,样本实在不够用于深入的化学分析,从已有的分析结果来看,费米认为这些新的放射性元素很有可能就是超铀元素。

　　另外,费米实验室里还产生了一项有点偶然的发现:中子源摆放的位置不同,放射性的强度就不同。费米想到用不同的材料作为屏障,会不会影响放射性的强度? 结果有了特别重大的发现:石蜡和水都能大大增强中子源引发的人工放射性。费米再度发挥出他在理论上的过人才能,只用了一次午休的时间就弄清了其中的道理:是石蜡和水中静止状态的氢原子核(即质子)与原本速度很快的中子二者质量相当,互相碰撞后,快中子损失能量后变成了慢中子,就好像被球杆击中的台球在快速滚动中碰到了静止的台球而发生了减速。而慢中子由于速度慢、波长大,与重原子核发生反应时的反应截面大很多,所以引起核反应的概率提高了很多。这个机理就像台球之间互相碰撞后,速度快的球被静止的球减速后更容易进洞,而不减速的快球则容易弹出来一样。慢中子效应及其理论解释成了后来人工核反应的实验和理论基础,最后在费米等一群杰出的科学家和工程师们的实验室里孵化出了石破天惊的原子弹。

　　1938年秋天,费米因其发现超铀元素和慢中子引起的反应,获得了当年的诺贝尔物理学奖。但是,化学家从1934年费米宣布发现超铀元素起,就对这个发现有所怀疑。毕竟费米不是化学家,他对新元素的化学分析看上去还不够精细。他们纷纷重复费米的这一实验,用快、慢两种中子轰击铀核,想要验证一下费米发现的超铀元素是不是真的存在。结果发现,这种轰击的结果和产物非常复杂,当时在放射化学方面最有权威的两个实验室——法国的居里实验室和德国的威廉皇帝化学研究所的领军人物对此都感觉摸不着头脑。

　　1938年,伊雷娜·居里和萨维奇在居里实验室用中子轰击铀-238,产生了三种与镧(原子序数57)相似的放射性子体,可他们原本的预期是应当产生锕系（原子序数89—103）的子体。他们感到十分困惑。德国威廉皇帝化学研究所的化学家奥托·哈恩（1879—1968）看到了伊雷娜·居里的实验结果之后，迅速重做了这个实验，发现用中子轰击铀，产生的是原子序数为56的钡，而不是预期中的镭（原子序数88）。这样的实验结果同样使哈恩感到无法对其作出解释，他写信向以前的合作者——当时被迫流亡瑞典的犹太裔奥地利物理学家莉泽·迈特纳（1878—1968）求助。迈特纳和自己的外甥同时也是核物理学家的奥托·弗里希（1904—1979）经过一番讨论之后，终于理解了这两个实验的真正意义：比较重的铀原子核被中子轰击后碎裂成了两块，形成了原子序数比铀小很多的放射性核素，而不是像费米认为的那样，形成了比铀更重的超铀元素。同时，迈特纳还计算出这个过程中将会释放出巨大的能量。人工实现的核裂变现象的神秘面纱终于被揭开。

费米因为妻子是犹太人，费米一家在意大利的处境日益危险。1938年11月，费米趁着去瑞典领取诺贝尔奖的机会，带上全家从瑞典直接去了美国，就此逃离了墨索里尼独裁政权的威胁。可是，诺贝尔奖刚到手两个月，德国的《自然科学》杂志就发表了哈恩关于原子核裂变实验结果的论文。

费米这个新晋诺贝尔奖得主和诺贝尔奖委员会这下子都被"打脸"了。费米闻讯后，火速到他的新工作地——美国哥伦比亚大学的实验室重做哈恩的实验。这里的设备可比费米原来在意大利的那个"小米加步枪"式的实验室强多了。结果证明，迈特纳对哈恩实验结果的理论分析和计算是正确

图2-11　核裂变示意图

的,费米出错了。

　　费米这时的反应既有大家风度,又显出理论天才的光芒。他首先承认并分析了自己的错误所在。然后,哪里跌倒就在哪里爬起,他还在这里来了一次飞跃!费米很快提出一种假说:当铀核裂变时,会放射出中子。这些中子又会击中其他铀核,于是就会发生一连串不断放大、雪崩式的反应,直到全部原子被分裂。这就是著名的链式反应理论。根据这一理论,当裂变一直进行下去时,巨大的能量就将爆发出来。如果制成炸弹,其理论上的爆炸力是TNT炸药的2000万倍!

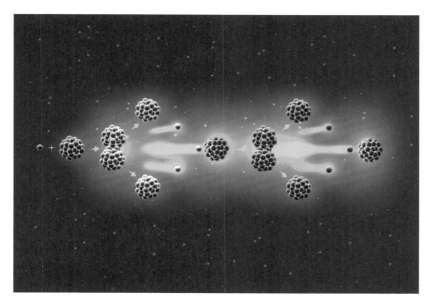

图2-12　铀的链式反应示意图

　　原子核的裂变现象迅速成为当时国际科学界一个炙手可热的研究课题。法国、德国、苏联等国的科学家在这个领域进行了竞赛一般的紧张研究。这也成为后来研发原子弹的前奏曲。

　　由于费米在原子核裂变的实验和理论两方面的杰出成就,理所当然地成了

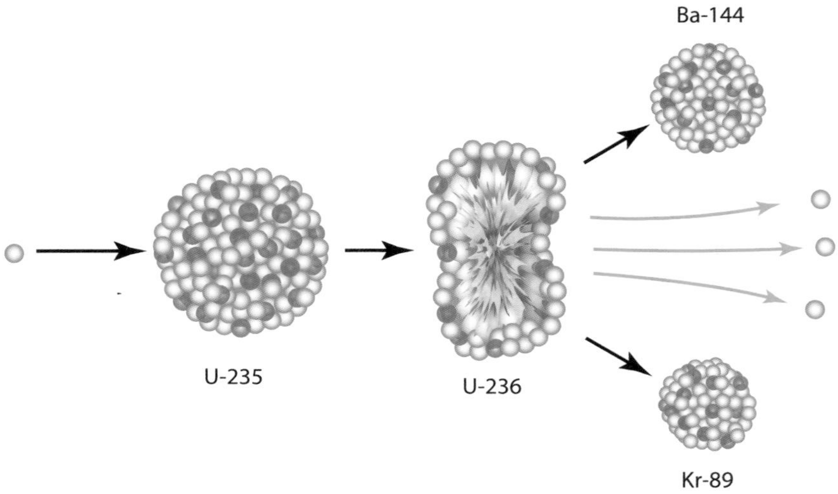

U-235　　U-236　　Ba-144　　Kr-89

图2-13　铀核裂变示意图

后来美国政府开发原子弹时倚重的核心人物之一。费米在超铀元素上所犯的错误,实际上起到了引导大家发现核裂变的作用。所以,科学家经常会出现错误判断,但这种误判既可能引出新发现,也可能成为新的理论起点,只要认真改正错误,就可能成就更伟大的科学发现。

在上述背景之下,1946年7月,当时正在法国居里实验室工作的中国青年学者钱三强(1913—1992)在一次学术会议上看到了一张原子核裂变的照片,这是两位年轻的英国学者在原子核裂变实验中拍摄的。理论上,裂变成两片的原子核会在照片上形成一条浓黑的径迹,两个碎片方向相反,彼此成一条直线。而这张照片上却有一个三叉形的径迹,两位英国科学家简单地把这理解为两个原子核碎片和一个α粒子,并未对此深究。但钱三强却对这个现象特别感兴趣。他一看到这张照片,就猜想这很可能是原子核裂成了三片。会后,钱三强一回到实验室,就带领两名法国研究生开始了实验研究,后来中国女科学家、钱三强的夫人何泽慧也加入了这个研究小组。

图2-14　钱三强与夫人何泽慧

在研究中,科学家通常用云室捕捉核裂变留下的痕迹,但云室只能捕捉到远远短于1秒钟的一瞬间的裂变径迹,这意味着能捕捉到的裂变事件很少。这就像我们燃放一串1000响的爆竹,却只拍摄一张照片,那么照片能记录的只是很有限的几个爆竹爆炸的画面。

钱三强和他的研究小组决定采用原子核乳胶进行径迹探测。他们用体积很小的乳胶,记录下很长时间内发生的所有裂变事件。这就像用5分钟的录像来记录一串爆竹的燃放过程一样,基本上可以确保不会漏掉任何一条有价值的信息。

既然要记录铀的裂变过程,那就要把铀放到乳胶里面。可是,放进去之后,乳胶里面发生的事情就十分热闹了:铀核受到中子轰击后会发生裂变,释放出原子核碎片;同时铀核又不停地自发衰变,向外释放α粒子;用来轰击铀核的中子又会和乳胶里的氢和氮的原子核发生反应。所以,在乳胶里留下痕迹的不只是实验设计时期待着要找到的原子核碎片,还有这些干扰性的粒子活动留下的径迹。

怎样过滤掉这些干扰性的径迹呢？可以降低乳胶的敏感度,使它对乳胶中氢、氮的原子核在核反应过程中产生的质子不会做出敏感的反应,以减少干扰性的粒子的活动径迹。但敏感度太低也不行,否则记录下来的裂变碎片和α粒子的径迹会变短,以这些径迹为依据计算出来的粒子能量和质量就不可靠了。那怎样才能做到恰到好处地降低乳胶的敏感度呢？只有一个办法:反复实验,反复摸索。最后通过对配方和操作流程的不断尝试,可以使裂变的核碎片与α粒子形成各具特色、易于区分的径迹,质子的径迹则基本上不太明显,已不构成干扰,而且不同深度的乳胶层的敏感度很一致,都可以被正常观测。

下一步,则用回旋加速器进行中子照射,照射后进行显影和定影。显影和定影的原理和冲印照片大同小异,但配方和操作都需要做到一丝不苟。

定影之后,就是看胶片。是不是像医生看X光片那样看呢？还真不是。要用1000多倍的显微镜,把胶片从左到右、从浅到深、滴水不漏地检查一遍。在非常黯淡的视野里,寻找捉摸不定的粒子径迹,不光单调枯燥,而且也很容易让人感到泄气。这是一个拼体力、拼毅力、拼耐心的过程。因为在高倍显微镜下进行观察,眼睛特别辛苦,时间一长就会头痛。而且,由于身体需要长时间保持同一姿势,全身都会疲劳不堪。所以,科学家和舞台上的演员倒是很有些共通之处:当科学家拿出万众瞩目的研究成果时,就如同舞台中央光芒四射的演员,可是这片刻的辉煌,却是用不为人知的漫长而艰苦的工作一点点积累而成的。

钱三强的四人研究小组当中,两个法国研究生耐心差一点,所以发现的三叉形的裂变径迹少一些,而何泽慧格外细致、耐心,发现的三叉形径迹最多,她甚至还发现了更加少见的四分叉径迹。发现得多了,他们就可以总结出规律了:这三条轨迹有共同的起点,而且都在同一平面上,其中两条径迹短、粗且黑,另一条则又细又长。这表明有两个碎片是常见的中等质量的原子核,第三个碎片则比较轻。而且如果这个碎片是α粒子的话，也不是天然放射性的产物，因为它的射程比天然α粒子的射程长很多，证明它的能量更大。这时的实验结果，已经可以确定确实存在铀核的三分裂情形了。

但这还远远不够。要想对这些裂变进行更深入的阐述，就需要精确统计二分裂、三分裂、四分裂的数目。同时，还要测量每个径迹的长度、彼此间的夹角。单单是寻找三叉形的分裂径迹已经十分考验人的耐心和体力了，还要在高倍显微镜下进行这么精细又枯燥的反复测量，其难度可想而知。而这还不够，还要根据测量结果进一步计算出每个碎片的质量和能量，这又是对数学能力和理论推理能力的一大考验。所以，实验物理学家不光要有实验技巧和耐心，还得兼具良好的理论素养，否则即使是重大发现已经摆在眼皮底下，也没有能力发现和分析它，白白让机会溜走。例如，伊雷娜·居里和她的丈夫，他们在中子的发现问题上和诺贝尔奖失之交臂，而被查德威克后来居上。

图2-15 伊雷娜·居里与何泽慧合影

有了测量数据，借助质量守恒、能量守恒和动量守恒这些基本的物理学原理，经过计算和分析后，钱三强得出结论：三分裂中较重的两个碎片，其质量分布与两分裂的碎片近似。而第三个较轻的碎片，其质量大体在2至9之间，最常见的是5。从发生频率上讲,三分裂与二分裂的比例是1:300。

　　钱三强等人的实验工作和理论论证也进一步验证了美国普渡大学物理学家普赖深特在1941年对三分裂所做的理论预言和理论分析。

　　三分裂现象是原子核分裂过程中的一种小概率事件,但这是否意味着没有必要对它进行深入研究呢?钱三强在40年后的回忆中说道,当年还有人不认同三分裂现象,现在不仅得到了物理学界的公认,而且还成了一个比较受重视的研究领域。这是因为,原子核裂变是一个很复杂的过程。原子核在断裂点的特性,决定了一系列断裂后的现象的细节,包括两个碎片的质量和电荷分配以及缓发中子的发射等等。了解断裂点,对了解裂变过程非常重要,但这个断裂点研究缺乏有效的研究工具。三分裂过程中产生的第三个带电粒子刚好是分裂瞬间发射出来的,它携带了很多的重要信息,对它进行研究,可以回答一些以前无法找到答案的问题。这个粒子就如同带着鸡毛信的信使,对它进行深入研究,可以更深刻地理解核裂变过程。现在有了更好的实验设备,有了大型计算机,物理学家就可以对这个问题进行更有成效的深入研究。

　　从核物理学的这段历史来看,这是实验领先、理论随后形成的一段科学历
50 程。实验中会产生什么样的结果、这些结果到底意味着什么,都无法事先预知。人们通过实验手段创造出新物质、发现新现象,而这些新发现则成了新理论的生长点,从而开拓出全新的科学领域。

发现新物质:化学元素的发现

　　当古人还不知何为化学,不知何为元素、单质时,就已经能够提炼出纯度较高的金、银、铜、铁等多种金属,甚至还能熟练地利用铜、锡、铅的不同比例做成青铜这种合金。碳、硫、汞都是古代人经常使用的单质,尤其是中国的炼丹道士

和西欧的炼金术士。所以，在完全没有化学元素概念的古代，人们已经在经验和实践中发现了若干种化学元素。

　　17世纪兴起的科学实验方法，给化学带来了全新的发展和日新月异的进展。这个时代，不仅是西欧航海家完成地理大发现的伟大时代，那些出身迥异而都在实验室里埋头工作的化学家，也在化学王国里进行着属于他们的一个又一个大发现。对化学有着强烈兴趣的各国化学家在各自的实验室里进行了大量的探索性的实验，如家资丰厚、为化学实验一掷千金的英国贵族亨利·卡文迪许（1731—1810），家境贫寒、在业余时间靠自学进行各种化学实验的瑞典化学家卡尔·威尔海姆·舍勒（1742—1786），学识渊博、自学化学的英国牧师约瑟夫·普利斯特列（1733—1804），等等。这是一个化学史上的拓荒时代，大量未知的元素等待人们去发现。而近代化学理论也正处于草创期。当时，人们还没有形成"元素""单质""原子""分子"这些化学上的基本概念和氧化燃烧理论、质量守恒定律等基本理论。这些杰出的近代化学家通过实验，发现了一种又一种新气体和新元素，如氮气、氢气、氧气、氯气，锰、钼、钨、钴等。他们的发现为基础性的化学概念和化学理论的最终形成奠定了必要的实验基础。这是近代的实验化学为发现新物质、形成近代化学理论所做出的贡献。

　　到了19世纪，化学家的实验方法变得更加系统化、更加成熟，他们再也不会像舍勒那样，对自己实验室里的任何物质都要用嘴尝上一尝，以致最终付出了生命的代价。瑞典化学家琼斯·雅可比·贝采里乌斯（1779—1848）、德国化学家罗泽（1795—1864）等人在定性和定量两个方面发展了化学分析方法，使得人们又发现了一批新的化学元素。碲、硒、铀、钍、钛、钽、铌、钒等诸多元素都是运用分析化学的实验方法，通过日益精密的实验发现的。这时，理论化学家的工作也开始绽放光芒。俄国化学家门捷列夫（1834—1907）用元素周期律预言的锗被德国化学家在实验中发现，其物理和化学性质，都和门捷列夫的理论预言非常吻合。

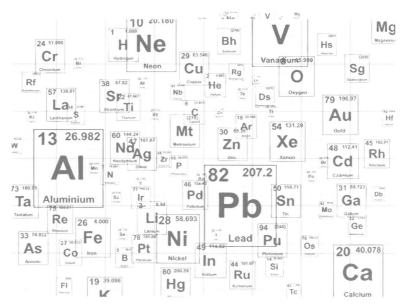

图2-16　各种化学元素符号

图2-17　亚历山德罗·伏特

　　同时,物理学家的工作也给化学带来了新工具和新手段,使得化学元素的发现又迎来了新的高潮。意大利物理学教授亚历山德罗·伏特(1745—1827)发明了电池。1800年,他将自己的发现写成论文寄送给英国皇家学会,英国人开始了解这一最新发现。英国、俄国的化学家开始用伏特电池电解水,并获得成功。1807年,英国化学家汉弗莱·戴维(1778—1829)运用电解方法,先后发现了钾、钠、钙、镁、钡和锶。其他化学家则运用电解和置换法获得了硼、硅、铝、氟。物理学家发明的电池和电解法成了实验化学家手中的魔法棍,变出一个又一个新元素,这些元素先后成为现代工业社会不可缺少的原材料。

　　可物理学家对化学的贡献才刚刚开始。19世纪中叶,德国物理学家、化学家本生(1811—1899)发明了本生灯,利用它来观察各种金属盐在火焰中呈现的不同颜色,以判断盐中存在哪一种金属。本生的挚友、德国物理学教授基尔霍夫(1824—1887)为本生设计了分光镜,解决了利用本生灯无法精细区分不同金属火焰颜色的问题。分光镜可以把本生灯发出的火焰变成一条条十分精细的谱线,不同的化学元素拥有不同的特征性谱线,就如同每个人都有不同的面孔和指纹一样。这种分析方法就叫光谱分析法,它给苦苦搜寻化学元素的化学家安上了最敏锐的火眼金睛。借助这种方法,化学家在尚未成功分离出单质、分析化学方法束手无策的情况下,就可以鉴别出极微量的、如1毫克的千分之几的新元素。本生和基尔霍夫就借助这种方法发现了金属铯和铷。英国物理学家、化学家克鲁克斯(1832—1919)则用分光镜发现了金属铊,法国化学家布瓦博德朗发现了金属镓。而镓的发现则再次验证了门捷列夫依据元素周期律所做的预言。

　　如果说此前的近代化学家还像好奇的孩子一样,在大自然的宝库里翻箱倒柜、不停寻找新元素的话,那么现代化学家则逐渐掌握了创造新元素的魔法,他们开始运用物理学家发明的新方法和新设备,在实验室里人工创造和合成在自然界不能产生和存在的新

图2-18　本生灯示意图

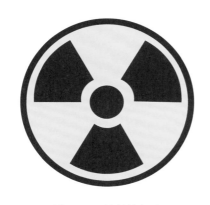

图2-19 放射性标志

元素,元素周期表也发生了从近代到现代的转变。

化学家首先认识到,放射性元素在向外释放射线的过程中,不断地发生衰变,从一种元素蜕变成另一种元素,而这正是古代炼金术士一直梦寐以求的事情,所以进入原子核化学时代之后,现代化学家也开玩笑地自称为"现代炼金术士"。这种天然放射性元素的衰变还是一个自然的进程,比方说天然放射性元素镭可以经过一系列的自发衰变,最后变成铅元素。

物理学家发明的人工核反应设备,使得化学家可以人工合成新的化学元素。1908年,物理学家卢瑟福(1871—1937)因对元素蜕变以及放射化学的卓越研究荣获当年的诺贝尔化学奖。他本人对自己作为一个物理学家获得诺贝尔化学奖而非物理奖也感到意外。但他对现代化学的贡献还远没有结束。1919年,卢瑟福用镭放射出的α粒子轰击氮核,将其转变成氧原子,第一次完成了人工核反应。此后,物理学家又利用中子流和新发明的粒子加速器产生的速度越来越高、质量越来越大的粒子对物质进行轰击。化学家就运用这种新设备先后人工制成了锝、镄、钷、镅等新的化学元素。这些越来越大型化的粒子加速器如同魔术师的百宝箱,变出了一个个的新元素。

1939年,美国物理学家麦克米伦(1907—1991)分析铀的裂变产物,发现了一种极少量(痕量级)的、半衰期为2.3天、辐射很强的新放射性物质,他请来化学家艾贝尔森(1913—2004)协助进行化学分析,最终分离成功,确定这是一种原子序数为93的新化学元素镎,费米曾经预言的超铀元素终于诞生了。

1940年,麦克米伦等人用回旋加速器将氢的同位素氘加速后撞击铀-238而合成94号元素钚。这是人工合成的第二个超铀元素。钚的诞生恰逢其时,

◆ 极少是多少？

在生物学与化学中，某种物质的含量在万分之一以下、百万分之一以上即为微量。痕量比微量还要少，少到只有一点儿痕迹，还有一些人工合成的化学元素，一次只能产生几个或几十个原子，比痕量还要少。某种物质的含量在百万分之一以下，即为痕量。

很快就赶上美国开发原子弹的世纪大工程，钚作为又一种理想的核裂变材料，成为第二次世界大战期间美国加紧研制和生产的具有顶级重要性的战略物资。

1942年12月，费米在美国芝加哥大学领导的研究小组成功地进行了世界上第一个核反应堆实验，首次实现受控的链式核反应。这也是开发原子弹的第一个阶段性成果。核反应堆被发明之后，核反应堆和原子弹又开始源源不断地创造出新的化学元素。反应堆中作为燃料的铀核在裂变反应中会形成各种各样的核碎片，这些碎片中的大部分是自然界中已经存在的元素，但有时也会产生很多原本并不存在的新元素。

原子弹被研制成功以后，科学家掌握了前所未有的巨大能量。他们利用原子弹爆炸时的裂变反应释放的能量引发核聚变。核聚变中的两种原料氘（2H）、氚（3H）会产生大量中子，这些中子被热核装置中的铀核吸收，形成了铀的超重核。这种核由于包含了过多的中子变得很不稳定，就开始发生向核外释放电子的β衰变，结果核内的中子就变成了带正电的质子，就这样形成了更多的超铀元素。核聚变又成了一种新的人工生成化学元素的途径。1934年，费米以为他用慢中子轰击铀核、铀核俘获中子后形成的产物就是超铀元素，后来证明这是核裂变反应，能形成超铀元素的概率特别小，数量也很少。在核聚变的条件下，才会形成费米所预期的超铀元素。

虽然费米没能亲自发现超铀元素，但是，科学界为了纪念费米为现代物理

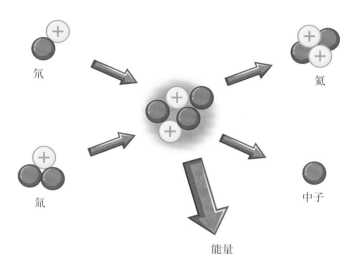

图 2-20 核聚变反应示意图

氘

氚

氦

中子

能量

学做出的一连串的理论和实验上的贡献,就把原子序数为100的超铀元素命名为镄。由于费米的学术贡献实在太大,他不仅生前获奖无数,他去世后,以他的名字命名的奖项、实验室、物理学单位名称、物理定律、物理学概念加起来也足有长长的一大串。

    经过四百多年的坚持不懈的实验研究,如今的化学家几乎已经填满了现代化学元素周期表从1号元素到116号元素之间的每个空格,对于那些不能发现或不能存在的元素也从理论上给出了清晰的解释。现在,物理学家和化学家一方面继续运用实验尝试合成更重的121号以后的新元素,另一方面则试图进行理论预测和猜测,看有无可能人工合成更重的新元素,以寻找化学元素周期表的边界和终点。

    我们已经看到,自古代以来的化学经历了一个从蒙昧到理性的发展过程。17至18世纪处于化学的拓荒时期,化学家在基础理论尚未成型的情况下靠着原始而简陋的实验设备以及他们的天分和勤奋,找到了自然界中比较容易分离和发现的化学元素。19世纪,物理学为化学分析提供了电解法、光谱分析法,化学家运用这两种方法找到了含量较少且分离、分析难度越来越大的化学元素。化学元素的发现从接受和寻找大自然的馈赠转为靠人类的智慧与设备进行人工合成和创造。这四百多年的化学史,让我们看到了实验方法对发现化学元素无可替代的重要作用,也看到了化学理论、物理学理论对化学发展的指引作用。

测定新常数:更精确的定量认识

光跑得有多快?万有引力到底有多大呢?这些看似与我们没什么关系的问题,却让一代又一代的科学家耗费了无数心血。而他们寻找到的答案,其实无时无刻不在造福于我们的日常生活。这些自然界的基本常数是科学家费尽心机破译的宇宙密码。同时,它们还是必不可少的研究工具,如果没有它们,我们的研究和实践可能就要寸步难行了。比方说,爱因斯坦的质能方程告诉我们,在核反应中发生质量亏损时,所产生的能量是质量亏损与光速平方的乘积。可是,光速是多少呢?物理学家需要知道光速的准确值,才能精密计算出核弹爆炸时释放出的巨大能量究竟有多大。

还有,当我们用火箭发射卫星时,需要借助火箭的推力将卫星送入绕地球运行的轨道。那么,需要多大的推力和多大的速度才能将卫星送入预定轨道呢?这就要用到万有引力常数了。

这些常数是怎么来的呢?数学常数,是独立于所有物理测量的。像圆周率这类常数,是人们运用多种数学方法计算得出的,而物理、化学这些学科中的常数,有一小部分是借助理论计算和推理求得的,如普朗克常数,但也可以通过实验测定进行验证;大多数的常数还是要依赖实验测定才能获得的,这些常数的值单靠理论推算无法得到,这就到了实验物理学家大显身手的时候了。

图2-21 火箭发射

比方说,人们对光速的测定,就花费了将近四百年的时间和艰苦努力。在伽利略以前,人们都以为光速是无限大的,但伽利略想证明光速的有限性。1607年,伽利略最早在地面上运用人工控制的灯光进行了初次测量。他和助手分别站在相距1.5千米的两座山上,每人手拿一盏马灯,伽利略先拿开自己遮住灯光的手,当助手看到他的灯光时,立刻也露出自己的灯光。从伽利略打开灯到他看到助手那盏灯的灯光,这个间隔就是光传播了3千米的时间。虽然他的测量方法和设备过于简陋,无法得出有意义的结果,且因为距离过短,所测量的实际是从人眼看到灯光,到人手做出反应动作的时间。但这个实验至少表明了光速非常之大。而且,作为最早利用望远镜进行深入观测和研究的天文学家,伽利略指出,可以利用木星的卫星在运行时的变化测定光速。因为木卫一绕木星公转的周期当时已经明确,每隔42.5小时,木卫一就会消失一次。这种木卫蚀就是木星的卫星绕到地球上观测不到的木星背面所产生的现象。

1676年,丹麦天文学家奥勒·罗默(1644—1710)运用对木星卫星的天文观测计算出了光速。其原理就是在一年中的不同时间,木星和木卫一处于其轨道不同位置时,在地球上观测到的木卫蚀发生的时间会有10分钟左右的延迟,而这个延迟出现的原因就应当理解为木星和它的卫星离地球的距离更远、光需要行走的时间更长。据此,可以推算出光速有限及其速度,罗默计算出的光速为220000千米/秒。在当时,这个方法和计算结果没有得到普遍的认

图2-22 木星

可。后来的科学家重复了罗默的方法,但改进了计算技巧,得到了非常接近现代光速值的结果——298000千米/秒。

到了19世纪和20世纪,科学家先后采用斐索齿轮法、傅科旋转镜法、迈克尔逊旋转棱镜法、克尔盒法、激光测定法等日益精密可靠的地面实验测定手段来测定光速。阿尔伯特·迈克尔逊(1852—1931)从1879年开始做测定光速的实验,不断精益求精,努力改进设备,提高实验精度,最后因在实验时中风去世,才结束了他的这项实验研究。在迈克尔逊漫长的科学生涯中,其持续不断的高水准的光速测定实验使得他一直是国际上光速测定领域的核心人物。

1972年,美国国家标准与技术研究院(NIST)的科学家利用激光干涉法测量光速,得到了299792456±1.1米/秒的数值。

最后,人们综合了测定结果和理论计算值之后,在1983年重新确定了光速,并且据此重新定义了长度单位"米"的含义。从此,真空中的光速确定为299792458米/秒。"米"被定义为光在1/299792458秒中在真空中走过的距离,而

不再使用在19世纪70年代确定的以经过巴黎的地球子午线全长的四千万分之一作为"米"的定义,也不再使用金属制成的米原器作为长度单位的标准。

有了准确的光速,我们让激光在地球和月亮之间跑上一个往返,测出这段路程所用的时间,就能精确计算出地球与月亮之间的距离。真空中的光速是目前所发现的自然界物体运动的最大速度,也是我们在物理学上最重要的常数之一。

牛顿用著名的万有引力定律十分清晰地描述了质量和距离已知的两个物体之间引力的大小,无论它们是太阳和月亮,还是飞鸟和鸿毛。其公式如下:

$$F = G\frac{Mm}{r^2}$$

看起来这是一个只要学过中学数学的人就能解决的简单问题,特别简单,但是,那个 G 是多少来着?牛顿说,这个吧……实在抱歉,我也不知道,反正就是很小很小的一个固定不变的数字。结果,牛顿留给我们的 G 与其说是一个常数,还不如说是个未知数。因为不知道 G 的准确值,这个美丽的公式的完美程度立刻大打折扣。

好在长江后浪推前浪,科学代有英才出。牛顿没答上来的问题还有后人来替他完成。自从万有引力公式横空出世之后,设计出各种测量方案的科学家前赴后继,而第一个给出漂亮答案的就是卡文迪许。

卡文迪许出身于贵族家庭,继承了父亲和叔叔的双份遗产,可以使他在感兴趣的科学研究上得到

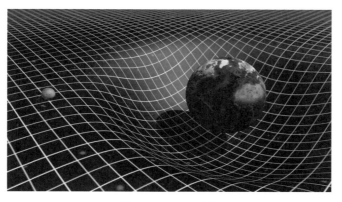

图2-23 万有引力

宽裕的资金支持。他既不关心能否发表研究成果,也不在意能否出名,唯一要考虑的就是他自己的兴趣。卡文迪许的母亲早逝,整天忙于科学实验的父亲虽然给他以良好的科学熏陶,却没能为他提供正常的成长环境,使得卡文迪许养成了一种极度害怕社交的内向而孤僻的性格。他不愿开口讲话,尤其不能和女性说话,甚至和朝夕相处多年的管家都得用纸条交流。也有人认为他其实是一个亚斯伯格症患者,患者通常有语言和社交障碍,智力正常甚至超常。在长达50年的研究生涯中,卡文迪许只发表过18篇文章。卡文迪许在化学、电学、力学、气象学等方面做出了很多极为出色的研究成果,但因为他不愿发表成果、不愿与人交流,就这样被埋没了许多年。一直到1871年,英国物理学家詹姆斯·克拉克·麦克斯韦(1831—1879)开始在剑桥大学筹建卡文迪许实验室时,才发现了卡文迪许遗留下来的20捆实验笔记。经过麦克斯韦的悉心整理和研究,这些一直不为人知的宝贵研究成果才得以重见天日。

◆ 极度孤僻的卡文迪许

虽然定期参加英国皇家学会的学术活动,但卡文迪许只肯当听众,几乎从不开口。如果别人当面对他表示敬仰、钦佩,这种谈话只会令卡文迪许手足无措,抛下目瞪口呆的仰慕者落荒而逃。向卡文迪许请教问题时,运气好的话,卡文迪许会用怒气冲冲的尖叫作为回答,也有可能他会丢下提问者夺门而出。就像羞涩内向的人不喜欢拍照一样,卡文迪许也不喜欢画家给他画像。所以,卡文迪许的朋友请画家趁他不注意时,偷偷画了一幅站立像。

让我们重新回到连牛顿也给不出答案的引力常数 G 这个问题上来。1798年,卡文迪许重新改制了前人制造的扭秤,靠着极为精巧的实验设计,给出了第一个精确可靠的 G 值($G = 6.67 \times 10^{-11} \ \mathrm{N \cdot m^2/kg^2}$)。在那个没有任何精密电子设备的时代,他只借助石英丝、铅球、刻度尺、小镜子和望远镜就取得了如此高精度的测量结果,其设计思路的严密和巧妙,实在是无人能出其右。

为了避免任何能够干扰测量精度的因素,卡文迪许把扭秤放到一个密闭房间里,自己则通过一架望远镜在密室之外进行观测。可是,引力实在太过微弱,人的肉眼完全无法观测到扭秤那极其微小的扭转角度。于是,卡文迪许用一个光源、一面固定在石英丝上的小镜子和一个刻度尺,把微小的扭转借助光线的反射作用放大成刻度尺上肉眼可见的光斑移动。结果,卡文迪许的测量结果在将近一百年内无人能够超越;而且,即使后人有了更高精度的测量,其基本方法和原理仍在遵循他的实验思路。

由于万有引力特别微弱,想要在卡文迪许的百尺竿头再进一步可真是举步维艰。在他之后,G值的测量精度,每向小数点后面再推进一位,差不多就要耗去科学家一百年左右的时间。G值成了物理学常数中测量精度最差、进步最慢的一片科学沼泽地。

自卡文迪许之后,测量万有引力常数仍离不开扭秤,但世易时移,此扭秤已非彼扭秤。除了基本的实验思路没变之外,实验设备已经彻底改头换面,实验方法也在不断升级。对精度的要求越高,对实验设备和计算方法的要求也就越高。设备日益复杂,测量中还需要知道设备所有零部件的精确质量和位置,每个孔、每个块和每个螺丝钉,都要被精密测量和定位。原来以一己之力、简单的仪器就能完成的测量和计算,已经变成了一个需要庞大仪器和团队才能完成的艰巨任务。

从 1985 年开始,我国华中科技大学罗俊团队,在引力常数G值

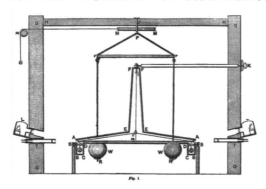

图 2-24 卡文迪许的扭秤实验

测定这个高、精、尖的研究领域里，呕心沥血三十多年，终于奋起直追，后来居上，在2018年取得了目前世界范围内精度最高的测量结果。

他们使用的测量元件是高分辨率的光学角度编码器和准直仪，还用嵌入式计算机作为控制器，扭秤系统被置于真空之中。实验测得的数据需要借助复杂的数学模型进行分析和处理。就连实验室本身都需要安置在非常苛刻的环境之中。

当年的卡文迪许用一间密室来屏蔽温度变化和气流等外部干扰因素，而罗俊的团队则选择了一个山洞作为实验室，山洞里面可以保持恒温恒湿的实验条件，使那些极其精密的实验仪器本身处于比较稳定的工作状态中，从而尽量减小其形变及弹性变化的幅度。厚重的山体就相当于密室的墙壁，把汽车、地铁、风雨等影响因素统统排除在外。

1999年，罗俊的团队得到了第一个G值，被此后历届国际科学技术数据委员会（CODATA）录用。此后，他们想方设法优化实验设计并深入研究误差，在2009年获得了当时采用扭秤周期法测得的最精确的G值，也被随后的历届

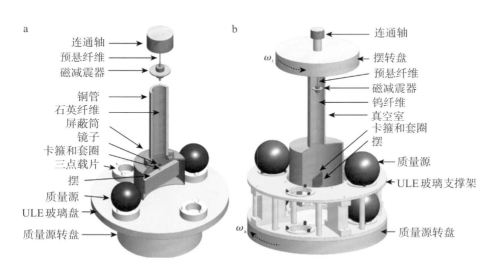

图2-25 罗俊团队使用的两种扭秤

CODATA 所收录。

　　2009年后,罗俊团队的实验室传奇还没有终结,他们又发起了新的挑战。从卡文迪许的测量数据问世至今,科学家已经通过实验测得了大约300个G值。但是,由于国际上不同团队测得的引力常数彼此不甚一致,导致数据本身的可靠性不高。虽然大家都认为自己的数值可以精确到小数点后第四位,可是各个不同的数据间的吻合度只能达到小数点后第三位。而且,各个测量结果彼此之间的误差不但没有缩小,反而在拉大,搞得理论物理学界对此十分苦恼。所以,罗俊团队这次要同时采用两种方法进行独立测量,以便进行相互验证。同时,他们在改进实验设备上又投入了大量的精力。

　　为了得到更精密、准确的实验结果,实验用的球体要尽可能完美——完美到球体的凹凸程度被控制在0.3微米以下。为此,实验人员硬是耗费了大半年时间才靠手工打磨把凸凹差从5微米一直降到不足0.3微米。球体形状达到完美还不够,其密度还要尽可能地均匀。球体间的距离需要科学家进行精益求精的测量,扭丝的性质也要他们进行一丝不苟的研究。在漫长的研究过程中,参与人员换了一茬又一茬,博士迎来了一批又一批。

　　2018年8月,罗俊的研究团队终于在著名的《自然》杂志上公布了他们用两种方法测得的目前世界上最精确的G值:分别为$6.674184×10^{-11}$ N·m²/kg²和$6.674484×10^{-11}$ N·m²/kg²。他们测得的两个值之间有很好的吻合度,进一步证明了测量结果的可靠性。他们的测量实验,得到了国际上专家们的高度评价,认为这是"二百年来科学家最接近万有引力常数G的一次"。不过,这次测量的结果还算不上是G值的终极答案。这个实验团队要解决的问题还有很多:从1999年至2018年间,他们共公布了四个G值,但它们彼此之间还有差距。这种差距的产生原因还需要科学家进行深入的探究和解释,实验仍有继续改进和完善的必要。

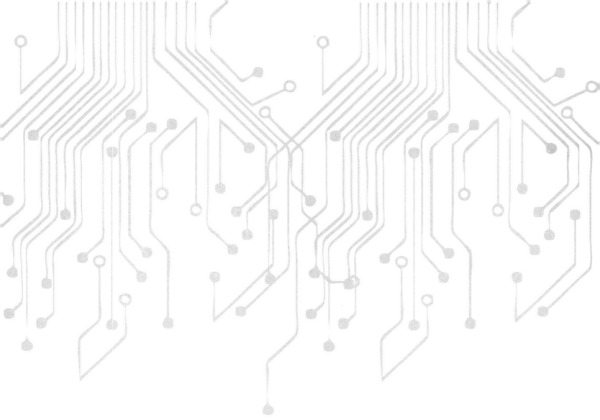

第 3 章

新理论和新学科的发生器

在上一章我们谈到过,在科学发现的过程中,理论研究与实验研究各自发挥着独特作用。科学实验在尚无理论准备的情况下,就可能率先完成全新的发现,如 X 射线和放射性的发现。这些出乎理论预期的实验发现需要从理论上加以解释和阐明,因此催生了新的理论和新的学科。

破壳而出的量子力学

19世纪末期,经典物理学的电磁学与热力学的理论体系已经建成,整个物理学界有一种大功告成的氛围。在当时那些顶尖物理学家看来,物理学理论的宏伟大厦已接近完工,剩下的工作仅限于局部的小修小补。但是,从19世纪下半叶开始的关于黑体辐射的一系列实验研究和以这些实验为基础的理论分析,却在无意间引发了经典物理学理论的大地震。

那么,这些给经典物理学带来巨大冲击的到底是些什么样的实验呢?

首先登场的是一位生平极富传奇色彩的德国乐师威廉·赫歇尔(1738—1822)。他在青年时期为躲避战争而流亡到了英国,凭借音乐才能在英国立足。此后,赫歇尔却在钻研音乐和数学理论的过程中走上了自学天文学和自制天文望远镜的道路。本来是个半路出家的业余天文爱好者,一不小心就成了一位卓越的天文学家而被载入史册,也是一桩趣事。他不仅在天文学上做出了发现天王星这样的轰动一时的贡献,而且在其妹妹卡罗琳·赫歇尔(1750—1848)多年的鼎力协助之下,创立了恒星天文学,并发现了太阳光中的红外辐射。

1800年,赫歇尔用一个分光棱镜把太阳光分解为彩色光带,然后用温

图3-1 威廉·赫歇尔

度计去测量光带中不同颜色的光所含的热量。为与环境温度做比较,赫歇尔又在彩色光带之外放了几支温度计来测定周围的环境温度。实验中,他偶然发现了一个奇怪的现象:放在光带的红光之外的一支温度计,比室内其他温度计的指示数值都要高。经过反复实验,这个所谓热量最多的高温区,总是位于光带最边缘红光的外面。于是,他宣布太阳发出的辐射中除可见光线外,还有一种人眼看不见的"热线",这种看不见的"热线"位于红色光外侧,叫做红外线。现在,我们已经知道,红外线和可见光、无线电波一样,都是电磁波。而人们在利用红外线的过程中,创造了一个全新的技术领域——红外技术。现在,红外技术已经广泛地造福于我们的生活。

赫歇尔的这一发现,使得德国物理学家里特(1776—1810)想要在太阳光可见光谱的另一端——紫光之外找到类似的辐射。1801年,里特先把一张纸放在氯化银溶液中浸泡一下,然后把它放在棱镜可见光谱的紫光区域邻近。他发现,紫光外侧的纸片明显变黑,说明这部分纸片受到了一种看不见的射线的照射。里特把紫光外侧附近的不可见光叫做去氧射线,后来人们称之为紫外线。

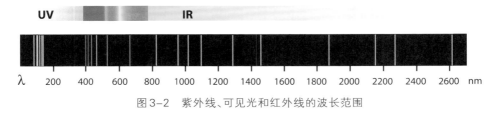

图3-2 紫外线、可见光和红外线的波长范围

在赫歇尔之后,又一位自学成才的科学家——美国人塞缪尔·皮尔庞特·兰利(1834—1906)对热辐射研究做出了非常大的贡献。1881年,兰利发明了非常灵敏的测热辐射计。为了精确测量热辐射的能量分布,他设计出了十分精巧的实验装置,它可以把不同波长的热辐射投射到热辐射计上,能够非常灵敏地测出能量随波长变化的曲线,从曲线可以明显看出最大能量值随温度增高向短波方向转移的趋势。

对于这一规律,人们早已在漫长的冶金实践中得到了经验并进行了运用。中国古代的铁匠们已经知道,可以根据炉火的颜色来判断炉内的温度,青色、蓝色这种浅色的火焰比红色火焰具有更高的温度。所以,我们用"炉火纯青"这个成语来表示功夫已经练到非常高的境界。

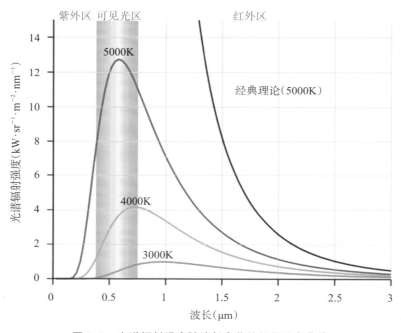

图3-3 光谱辐射强度随波长变化的能量分布曲线

1886年,兰利测得了相当精确的热辐射能量分布曲线。兰利的贡献激励了其他物理学家在改进热辐射计方面投入更多的精力,并造出了日益精密的热辐射测量设备。

这些实验研究,一方面是由于天文学研究对星体表面测温的需要,另一方面则是冶金等工业生产需要对高温进行测量。所以,欧洲尤其是德国的科学家对辐射能量按波长分布的函数曲线与温度的关系进行了详尽的实验研究。

到 19 世纪末,为了提供涉及黑体辐射能量分布的基本数据,物理学家已经发展出各种精确测量热辐射的实验方法和实验设备。在这些实验的基础之上,形成了两个基于经典统计力学的公式,一个是由德国物理学家威廉·维恩(1864—1928)提出的维恩公式,在短波范围内和实验数据吻合得很好,但在长波范围内偏差较大;而另一个瑞利-金斯公式则正好相反。

◆**什么是黑体?**

黑体是物理学家设想出来的一种理想物体。它对外界照射到它表面的电磁辐射可以全部吸收,既不反射,也没有透射。真实的物理世界中,只有接近于黑体的物体,但没有绝对的黑体。

黑体虽然没有反射和透射,但是它会向外界发出热辐射,其辐射的波长与黑体的温度有关;与其材质无关。当其波长处于可见光范围之内时,黑体就会发光。所以,黑体处于低温状态时是黑色的,当温度升高后就会发光,甚至明亮耀眼。比如,太阳就可以被看作是一个黑体——这样的气体星球,辐射到它上面的电磁波很难反射回来。

现在,人工黑体已经是一种在军事、科研、民用技术领域中广泛使用的设备。最常见的就是各种黑体炉。

为了克服这两个公式的不足、寻求更好的公式来处理这些实验数据,德国物理学家马克斯·普朗克(1858—1947)于 1900 年建立了黑体辐射定律的公式,并于 1901 年正式发表。这一公式意味着,黑体辐射的能量与辐射的频率呈正比。与前两个公式相比,普朗克的公式不仅具有简洁优美的形式,而且与实验结果吻合得非常完美。而普朗克当时的目标也只是寻找一个能与实验数据保持精确一致的数学公式。

为了达到这个目标,他不得不引入一个对经典物理学来说非常离经叛道的

◆**黑体辐射**

物理学家假定黑体吸收了照射到其表面的外来电磁辐射后,将之转化为热辐射。这种热辐射所呈现的光谱特征,只取决于黑体的温度,而与黑体的材料无关。

假设:能量具有不可再分的最小单元,其发射与吸收都是以这个最小单元即所谓量子为基础进行的。虽然普朗克本人当时提出这一假设,只是为了更好地用公式来描述实验结果,但出乎所有人意料的是,这个假设给经典物理学带来了无法回避的重大挑战,成为后来的量子力学的重要基石。

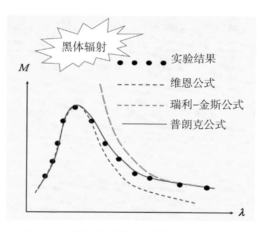

图3-4 黑体辐射的实验数据与三个公式

可以说是黑体辐射的实验结果逼得理论物理学家冥思苦想,最终形成了崭新的量子力学,虽然在当时这一理论对经典物理学的革命性和颠覆性还不为人所知。量子力学从经典物理学中诞生的过程就像近代天文学从古希腊地心说中破壳而出一样。所以,尊重观测数据、尊重实验结果并在此基础上进行理论构建这种方法对科学的进步来说是卓有成效的。

孕育新学科——粒子物理学

1896年,英国实验物理学家约瑟夫·约翰·汤姆逊(1856—1940)开始关注气体放电和"阴极射线"问题。此前,已有多位欧洲科学家在这个问题上进行了一系列研究。其研究方法大体上就是把装有两个铂电极的玻璃管抽成真空,并在电极之间加上一个高电压,然后研究可见的放电现象与压强、电场及气体性质的函数关系。他们已经发现,气体放电时会从阴极(即负极)产生一种辐射,当它落到玻璃壁上时,会出现绿色磷光;而且这种辐射还可以被磁场偏转。

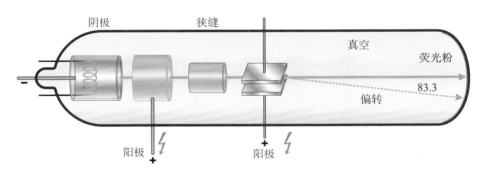

图3-5　阴极射线管

汤姆逊认为阴极射线应当是一种带电的微粒,为了验证这一想法,他进行了精心设计的实验,并利用一系列的实验结果证明:首先,阴极射线本身带电;其次,阴极射线能被静电场偏转。他的电磁偏转实验还测定了这种粒子的电荷量与质量之比(荷质比),比电解中的单价氢离子的荷质比约大2000倍,这意味着这种粒子的质量远远小于氢离子。这些定性和定量的实验结果向人们揭示了一个崭新的世界模式:原子本身并不是人们理解的那样不可再分,它也有自己的组成部分;而这种所谓的阴极射线,就是比原子更小的粒子,它存在于所有化学元素之中。后来,人们用"电子"这个词来命名这种带负电的微粒。

汤姆逊的这一系列实验,其意义不仅在于发现了第一个基本粒子——电子,更重要的是它们表明,原子是可以再分的,原子也有更细微的组成部分,尚有待于人们展开更深入的探索。因此,这些实验打开了研究微观世界的大门,这就是20世纪蓬勃兴起的粒子物理学的开端。

那么,带有电子的原子到底长什么模样呢?汤姆逊在实验的基础上提出了他的原子模型:原子是一个带正电荷的球,带负电的电子镶嵌在里面,像西瓜籽分布在西瓜瓤里一样,它也像镶嵌着葡萄干的蛋糕,所以,人们将汤姆逊的原子模型称为西瓜模型或葡萄干蛋糕模型。

1898年,实验物理学家欧内斯特·卢瑟福(1871—1937)在研究铀和铀的化合物所发出的射线时发现,这些射线有两种不同的类型:一种是极易吸收的,他称之为α射线;另一种有较强的穿透能力,他称之为β射线。由于组成α射线的α粒子带有巨大的能量和动量,成为卢瑟福用来打开原子大门、研究原子内部结构的有力武器。

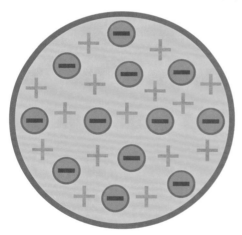

图3-6 汤姆逊的原子模型

1909年,卢瑟福指导他的两名学生进行金箔实验,想要对汤姆逊的原子模型加以验证。他们利用α射线轰击厚度约为0.00004厘米的金箔,发现了非常出人意料的现象:绝大部分α粒子会笔直穿过金箔,但有一小部分α粒子(两万分之一)会在轰击中发生平均约90°的偏转,更少数的α粒子甚至被以150°的角度反弹回来。如果原子的结构真如汤姆逊所说的那样是一个实体球,金箔的各个位置的物质结构应当是一致的,α粒子轰击之后的路径也应该是一致的,不应出现这种偏转和反弹现象。

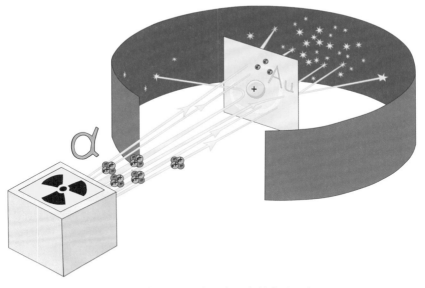

图 3-7　卢瑟福的α粒子轰击金箔实验示意图

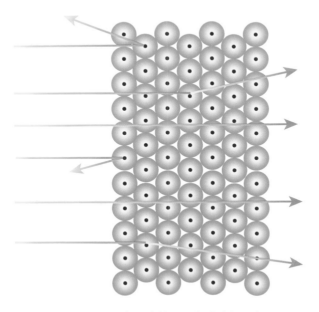

图 3-8　α粒子轰击金箔后的各种路径示意图

为了解释这种非常奇怪的实验结果,卢瑟福经过大量计算和分析之后,在1911年提出了原子的核式结构模型。他认为在原子的中心有一个很小的核,叫做原子核,原子的全部正电荷和几乎全部质量都集中在原子核里,带负电的电子在核外空间里绕着核旋转。也就是说,原子内绝大部分是空空荡荡的空间,实体性的物质只占据了其中微不足道的一小部分。

现在,依据大量的实验和计算数据,我们可以粗略地说,原子核的半径大约比原子半径小4到5个数量级,也就是说,如果原子核的半径是1米的话,原子的半径大约是1万米到10万米。当然,不同的化学元素,其原子核与原子的大小也各不相同,而且,这种微观粒子的体积概念也完全不同于我们日常生活中所习惯的宏观物体体积的概念。

卢瑟福的实验研究和后来的理论分析向着揭开原子内部结构的神秘面纱迈出了十分关键的一步,而他利用α粒子进行轰击实验的研究方法也成为早期粒子物理学的基本研究手段,为后来他的学生查德威克发现原子核里的中子创造了先决条件。1919年,卢瑟福在轰击实验中观察到氮原子核俘获一个α粒子后放出一个氢核,同时变成了另一种原子核的结果,这个新生的原子核后来被

证实为是氧17原子核。这是人类历史上第一次实现原子核的人工衰变,也是粒子物理学研究中的一个里程碑式的重大进展。

1930年,美国物理学家欧内斯特·劳伦斯(1901—1958)提出了回旋加速器的理论,他设想用磁场使带电粒子沿圆弧形轨道旋转,多次反复地通过高频加速电场,直至达到高能量。1931年,他和他的学生利文斯顿一起,研制出了世界上第一台回旋加速器。该加速器直径只有27厘米大,与后来巨无霸型的回旋加速器相比,这个开山始祖连个模型都算不上。但不管该加速器怎么小,从此以后,人们对基本粒子的研究又多了一个更强有力的实验武器。

从20世纪50年代初开始,人们建造了能量越来越高、流强越来越大的粒子加速器。实验室里也相继出现了新的更强有力的探测手段,如大型气泡室、火

图3-9　美国的粒子加速器

花室、多丝正比室等。新粒子的大发现时期由此开启。这个过程中,理论物理学家和实验物理学家以理论预言在先、实验检验在后或实验发现在先、理论解释在后等方式共同发现了正电子、中微子、介子等大量的基本粒子,并不断努力,试图揭开它们之间相互作用的方式,以此为基础构建全新的基本粒子概念和物理学上的统一理论。

从粒子物理学的发展史来看,基本上每一次重大发现都诞生于实验室,这些重大发现既依赖于物理学家坚持不懈的实验工作,也依赖于他们对实验结果的数学分析、理论分析以及新假说的大胆构建。这是一门从诞生之日起就十分依赖实验的物理学分支,每种新粒子的发现,不是借助粒子加速器等实验设备人为产生,就是利用各种粒子探测设备捕获宇宙射线中的粒子。这个过程,既需要对微观粒子构造理论有透彻的理解和相当的理论前瞻能力,更需要精妙的实验设计思路和高超的实验技巧,以及对实验结果进行精密的理论分析和理论解释的能力。而粒子物理学在20世纪的实验研究和理论进展,如同整个物理学科的火车头,不仅深化了人们对微观世界和物质基本构成单元的理解,也带动了对宇宙学、天文学的更加深入的研究与探索。因此,这个脱胎于实验、成长壮大于实验的物理学分支,给20世纪的物理学带来了前所未有的发展动力。科学实验对物理学发展的作用,在这里表现得最为充分。

显微镜和微生物学

图 3-10　显微镜

到底是什么使人患肺结核、霍乱、狂犬病、疟疾、黑死病这些可怕的疾病呢?

在微生物学诞生之前,人们对于由致病微生物引起的疾病大体上处于一种束手无策的境地,既找不到发病原因,也不知该如何治疗。巫术、占卜、祷告、直观的猜测和臆想,都是人们探究病因和治疗时用过的方法。

随着放大镜和显微镜的发明和不断改进,借助列文虎克(1632—1723)、罗伯特·胡克(1635—1703)等显微镜学和显微技术的先驱的研究成果,人们逐渐意识到那些肉眼看不到的微生物的存在。

但是,要认识致病微生物的存在及其对疾病的作用,是一个非常艰辛而漫长的过程。这既需要精湛的实验技术,又需要缜密的逻辑推理。而当时在医学界占据主流地位的致病理论,还是自然发生论和瘴气理论。

◆ **自然发生论**

这是一种非常古老而又相当普遍的关于生命起源的观点：认为生命是由无生命物质产生和转化而来的。也就是说，腐坏变质的鱼和肉会自然生出蛆虫和苍蝇，烧瓶里的培养基会自然滋生出各种微生物，使其发生腐败。甚至有人相信连老鼠都是自然发生的结果。

在巴斯德之前，已经有人开始利用实验手段试图证明，经过煮沸、密封等手段严格处理过的培养基是不会出现微生物的。显微镜学的开山宗师列文虎克就认为，他所见到的微小的生物体是和它们很相似的亲本繁殖的结果。

巴斯德则用他著名的"曲颈烧瓶"实验等一系列实验和许多言辞犀利的论战，摧毁了生物自然发生论。

在 19 世纪的法国和德国，先后诞生了两位在微生物学领域极具开创性的科学家，他们共同开创了细菌学发展的黄金时代，在人类与疾病的战斗史上，终于赢得了一系列的胜利。他们就是法国的路易·巴斯德（1822—1895）和德国的罗伯特·科赫（1843—1910）。他们埋首于各种各样的实验之中，致力于解决当时人们面临的各种与微生物有关的难题和灾难。

巴斯德是一位化学家，他完全不具备生物学的基础。巴斯德临危受命，着手解决当时席卷法国养蚕业的传染病时，曾专程去拜访过法国著名的昆虫学家法布尔（1823—1915）。令法布尔大跌眼镜的是，这位即将拯

图 3-11　路易·巴斯德

救法国养蚕业于水火的教授,竟然连蚕茧里面有蛹、蚕蛹将变成蚕蛾这种最基本的常识都不具备。不过,只要巴斯德肯钻研,这点知识上的欠缺根本拦不住他前进的脚步。他既挽救了法国的养蚕业,又受命去帮助酿酒业解决啤酒变酸的灾难,就连如何预防狂犬病、炭疽病这些令人们闻之色变的烈性传染病,巴斯德都找到了解决的办法。这实在是一连串伟大的奇迹。对巴斯德来说,他是靠着强烈的使命感和责任感,靠着自己精巧的实验设计和缜密分析,成功地找到了致病的微生物并找到了打败它们的有效方法。他为预防炭疽病、狂犬病所做的贡献,以及他发明的巴氏消毒法,直到今天仍在造福人类。

在抗击疾病方面,科赫也是一位与巴斯德旗鼓相当的实验微生物学家。

对于科赫那个时代的欧洲农民来说,炭疽病是一种可以使他们在几天内倾家荡产的可怕传染病。马、牛、羊等大牲畜一旦染病,就会迅速死亡。而且这种疫情还可以在数年之内不断爆发,成为农民们最可怕的噩梦,有些农场因此被称为"炭疽农场"。

医生们对此束手无策,因为他们完全不了解疾病的发生原因。巴斯德认为是那些只有在显微镜下才能现形的微生物导致了炭疽病。但他作为一个化学家,关于疾病的看法和建议常常受到医生们的排斥和轻视;包括巴斯德对手术

◆ **炭疽病**

这是一种人畜共患的急性传染病,由炭疽杆菌引起。食草动物如马、牛、羊、骆驼、河马等易感,与病畜接触较多或食用病畜肉、乳的人会被传染。人的不同身体部位感染后的死亡率不同:皮肤炭疽往往会在皮肤上形成焦黑色的痂;因吸入炭疽杆菌导致的肺炭疽和因食用病畜导致的肠炭疽更为凶险,若不能及时诊断和采用抗生素治疗,常常会引发败血症、脑膜炎等致死性的病症,死亡率超过90%。

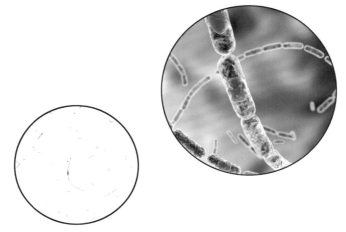

图3-12　炭疽杆菌

器械和病人伤口的消毒建议,一直受到法国医学家的嘲笑。

　　1872年,科赫的妻子艾玛用自己苦心积攒了好几年的钱为丈夫购买了一台在当时算得上十分精良的显微镜,作为他29岁的生日礼物。正是这份精心挑选的生日礼物,为科赫日后事业的腾飞插上了翅膀。

　　此前,已经有几位显微镜学家注意到了死于炭疽病的动物血液中有一种杆状的细菌。但是,他们的实验没能有效地证明是这种杆菌导致了动物感染炭疽病。科赫则凭借着更精细的显微镜观察、富有开创性的实验技术、极其严格的实验设计和逻辑证明,无可辩驳地指出了炭

图3-13　罗伯特·科赫

疽杆菌在炭疽病中的致病作用。

他首先从农民那里采集到了因炭疽病死亡的牛羊的血样,并在其中发现了炭疽杆菌。这样,他可以非常有把握地断言,所有死于炭疽病的牲畜,血液中都有这种杆菌。然后,他又从屠宰场要来正常牛羊的血液,在几十个血液样本中都没有发现这种杆菌。接着,他又用带有炭疽杆菌的微量羊血给白鼠进行接种,导致了白鼠的死亡。在死亡白鼠的脾脏切片中,又找到了炭疽杆菌。他再用这个带菌的脾脏血液接种健康白鼠,再度导致白鼠出现炭疽病的症状并死亡。如此循环,一共接种了三十代白鼠。

当时也在深入研究炭疽病的巴斯德认为炭疽杆菌是一种活的生命体,所以科赫并未满足于上述的证明步骤,而是又给自己设置了一个更棘手的任务:在动物体外培养这些细菌,并亲眼看到这些细菌的生长繁殖过程。这在当时是不曾有人尝试过的领域。培养细菌的步骤、设备都是科赫自己靠着聪明的头脑和灵巧的双手设计和制造的。当时的科赫还只是一个远离科学界、默默无闻的乡村医生,在诊室的一角用布帘隔出来的一小块地方,就是他的实验室。除了富于创见的科学头脑和年少时代从舅舅那里学来的照相技术之外,这个极其简陋的实验室,就是他拥有的全部资源。但对于当时尚处于萌芽时期的微生物学研究来说,科赫的硬件条件勉强也还算过得去。当时的科学,还处于业余研究者可以找到富矿、能够做出重大发现的时代。

科赫作为细菌学的开创性人物,在自己十分简陋狭窄的实验室里发明了一系列细菌学的检查方法,如盖玻片和载物玻片细菌检查法、细菌的固定和染色、细菌照相技术等。科赫的细菌照相技术十分高超,他用当时的设备拍摄的细菌照片,在今天看来仍旧是高水准的。他自己也没想到,早年的一项爱好,后来竟然成了他日后研究工作的利器。

为了找到适合在动物体外培养炭疽杆菌的材料,科赫尝试了几十种材料,最终发现牛眼睛里面的液态玻璃体是非常理想的培养基:第一,其组分与动物体液十分接近,适合细菌生长;第二,其完全透明的光学特性使得科赫可以在显微镜下顺利地进行观察和显微摄影。科赫完成了在体外培养和观察细菌生长这个从未有人尝试过的挑战。连续培养出八代细菌之后,他用这些培养出来的纯菌种给健康白鼠进行接种,又导致了白鼠的死亡。然后,他又用兔子、猫、狗、豚鼠、羊等十几种动物进行了接种实验,所有实验动物均出现了炭疽病的症状并最终死亡。而且,他在这些动物尸体的血液和脾脏中都找到了炭疽杆菌。

　　实验做到这个程度,科赫已经算是有了十足的把握来断定炭疽杆菌在引发炭疽病上的作用了,但他仍未满足。他想知道,为什么在实验室体外培养条件下十分脆弱、很容易死亡的炭疽杆菌,在自然环境下经历多年之后仍具有致病性?它们为什么如此顽强?

　　对于这个问题,科赫虽然没有明确的思路和头绪,但仍旧坚持用显微镜做观察。在一边行医一边进行炭疽杆菌生活史观察的过程中,他终于慢慢地发现:当炭疽杆菌处于不利的生长环境时(就是当他忙着诊疗病人,把玻片里正在培养的细菌遗忘了一整天时的情况),会以孢子的形式休眠,而这种孢子可以耐受各种不利的条件,如干燥、高温、暴晒、烹煮、酒精或肥皂水浸泡等等。可是,这种孢子只要遇到合适的条件,比如牛眼睛中的玻璃体、活牛羊的身体,就立刻恢复了繁殖能力和致病能力。

　　1876年,科赫总算通过了自己设置的严格标准,认为可以公开发表自己在炭疽杆菌问题上的发现了。这也是人类发现的第一种病原菌。四年以来一直在向农民们索取病畜血样的科赫,如今终于可以给那些饱受牲畜炭疽病困扰的农民们提供切实可行的防疫措施作为回报了。他告诉那些原本把病畜尸体随意堆放、任其腐烂的农民,这些尸体腐烂后会释放出细菌孢子,落到土地上、草叶上,孢子一旦被牛羊吃下去,就会导致牲畜发病。因此,虽然他还没有办法治好染病的牲畜,但他建议农民对病畜的尸体进行焚烧和深埋处理,以控制疫情的扩散和再度复燃。

这种处理方法无法对细菌孢子赶尽杀绝,因为深埋的尸体中的细菌孢子可以被土壤中的蚯蚓带回浅层地表。巴斯德通过实地考察发现了这一点,并和他的助手们研制出炭疽病疫苗,更快速有效地挽救了大量的健康牲畜,使它们免于感染这种可怕的致死性传染病。

1876年4月,默默无闻的乡村医生科赫给当时德国的细菌学研究权威费迪南德·科恩(1828—1898)写信,想当面演示他培养炭疽杆菌和证明炭疽杆菌引发动物炭疽病的全过程。科恩并没有因为科赫当时的寂寂无闻而藐视他的来信,他不仅同意了科赫的提议,而且还邀请了自己的同事——几位当时德国医学界大名鼎鼎的学术权威来做这次演示的证人。科赫娴熟的操作技能、严格的实验设计、富有创意的实验技术当场就折服了这些观看演示的学者们。他们一致认为,科赫的演示完美地展示了炭疽杆菌的生活周期,而且无懈可击地证明了这种杆菌就是导致炭疽病的唯一原因。此后,这几位医学教授就开始不断向德国的医学界推荐科赫,并向政府呼吁,这样杰出的研究人员不应继续被埋没在偏远的乡间担任普通的医生。

在科恩等人的大力推荐之下,1880年,科赫迎来了他职业生涯中一次非常重要的升迁,他被任命为柏林帝国卫生办公室的助理,其工作任务是寻找方法分离和培养致病菌,为国家制定防病政策提供依据。科赫此时的职位相当于国家疾病预防控制中心的首席研究人员,这是一个非常适合科赫发挥研究能力的工作岗位。科赫有了更好的实验设备和研究条件、更好的收入,他终于可以大展宏图,专心致志地从事致病细菌的研究了。

科赫对炭疽病的实验研究,虽然使得当时学术界中肯认真对待细菌致病学说的研究者心服口服,但仍有一些医学界的资深权威人士死活不肯接受这种学说。但这并不能阻拦科赫前进的脚步,这一次,他把当时发病率和致死率最高的传染病——肺结核作为自己的研究对象。在当时,肺结核不仅是不治之症,而且流行甚广,严重危害大量人群,是当时第一大致死性疾病。从17世纪以来，每年死于结核病的欧洲人口完全没有减弱的趋势。

1881年，科赫开始了对结核菌的艰苦研究。这次的研究，从实验步骤上来讲，科赫已经算是轻车熟路。但困难在于在显微镜下根本找不到结核菌的踪迹！我们现在知道，结核菌比炭疽杆菌要小，细胞壁脂质含量高且有酸性物质保护，特别难以被染色。

结核菌的这些特点使它如同穿了隐身衣一样，和科赫玩起了捉迷藏。但这并不能动摇科赫对于细菌致病学说的信心和他的坚定意志。他坚信一定存在着导致结核病的细菌。因为他把结核病死者的肺磨碎之后，擦在老鼠和兔子身上，结果它们都患上了结核病。用显微镜看不到结核菌，并不是说它不存在，而可能是因为它太小，显微镜放大倍数不够。可是，尽管他用上了当时柏林最好的显微镜，也还是看不到。科赫的信念仍未动摇，他认为也有可能是现有的染色方法对结核菌不起作用，没能对其有效染色，所以在显微镜下看不到。他开始在染色剂上动脑筋。现有的染色剂全都有人试过了，不起作用，那么就试试从未用过的染色方法和染色剂吧。科赫不知道试了多少种染色剂，这个过程就像爱迪生寻找灯丝材料一样，一遍又一遍地尝试。科赫的手指头被各种染料染得五颜六色。而每次尝试对细菌标本进行染色之后，科赫从未忽略对双手进行严格的消毒，因为他坚信有结核病的致病菌存在，他绝不能拿自己的性命鲁莽地冒险。这样反复染色和消毒之后，科赫的双手变成了吓人的黑色，令人十分怀疑他是不是也患上了什么不祥的传染病。

功夫不负有心人，他终于发

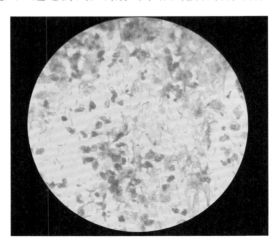

图3-14 显微镜下的结核菌

现了一种名叫亚甲蓝的染料,可以给结核菌有效染色。经过反复摸索之后,他总算在显微镜下看到了他寻找已久的结核菌,这是一种比炭疽杆菌更短、更细且略微弯曲的杆菌。他在患有结核病的人和动物体内都找到了这种从未见过的杆菌,并且在作为对照的健康人体内都没有发现这种细菌。但科赫秉承了他一贯的严谨缜密的工作风格,认为实验做到这个阶段还远远不够,他在这时正式提出了著名的"科赫法则"。

图3-15　被亚甲蓝染料染色的细胞

◆科赫法则

如果进行了如下四个步骤,并得到确实的证明,就可以确认该生物即为该病害的病原物。

1. 在每一病例中都出现相同的微生物,且在健康者体内不存在;

2. 要从寄主体内分离出这样的微生物并在培养基中得到纯培养;

3. 用这种微生物的纯培养接种健康而敏感的寄主,同样的疾病会重复发生;

4. 从实验发病的寄主体内能再度分离培养出这种微生物。

随着人们对致病细菌和病毒研究的不断深入，以及对不同个体在基因水平和对疾病易感性上的差异的了解，现在的病原学研究已经不再严格遵循科赫法则，但它仍然是微生物疾病诊断的一个重要参照标准。

他认为自己还只是完成了第一个步骤，所以开始着手进行第二个步骤，即结核杆菌的体外培养。这次他遇到的结核杆菌实在是特别棘手，不仅难以在显微镜下发现，而且纯培养的过程也格外麻烦。反复尝试之后，他用血清作为培养基，等待了漫长的十五天之后，终于培养成功。

科赫接着进行第三步，用培养出来的细菌感染健康动物，他一共用了四十多种动物进行实验，结果所有接种动物都因感染结核病而死。在这些死亡动物的体内都找到了病灶和结核杆菌，第四个步骤也完成了。

虽然实验进程已经满足了科赫自己的预设标准，但他仍不满意。他知道自己对健康动物的接种是通过皮下注射进行的，而人类感染结核菌，很显然不是通过这种途径。人到底是怎样染上这种传染病的呢？从临床经验来看，空气是最大的嫌疑对象。

科赫的独创性又开始大显身手了。科赫做了一个既能感染实验动物，又不会伤及实验人员的实验设计：他制造了一个严格密封的大木箱，实验动物被关在里面，只留一根管子供空气出入。他通过这根管子向箱内喷入带有结核分枝杆菌的气体，每天持续半小时。一个月之内，作为实验动物的兔子和豚鼠先后感染结核病而死。科赫终于确认了结核分枝杆菌在结核病中的致病地位和致病

图3-16 结核分枝杆菌

途径。虽然他仍然没有找到有效的治疗药物和方法,但他明确指出肺结核患者和他们吐出的含有大量病菌的痰是这种疾病的最主要的传染源。1882年,科赫正式宣布了结核分枝杆菌是结核病的病原菌,这是他科学生涯中的又一个辉煌成就。

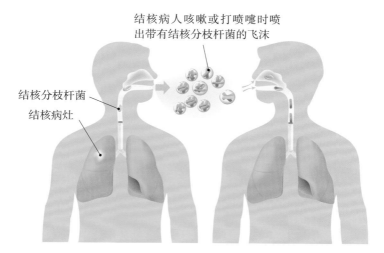

图3-17　结核病的传播示意图

在科赫原则的指导下,此后的半个世纪成为科学家发现病原菌的黄金时代。躲在暗处悄悄残害人类健康和生命的各种微生物杀手终于无所遁形了。1883年和1884年,两位科学家各自独立地发现了白喉杆菌;1884年,人们发现了伤寒杆菌;1894年,人们发现了鼠疫杆菌;1897年,人们还发现了痢疾杆菌。在此期间,科学家一共先后发现了不下百种病原微生物,包括细菌、原生动物和放线菌等,不仅是动物病原菌,还有植物病原菌。

科赫率先打开了发现和研究病原菌的大门,后续的研究者在科赫确立的实验原则和实验技术的指导下,完成了一系列重大发现。所以,科赫的贡献不仅在于他通过自己的实验研究发现了那些病原菌,更在于他所确立的研究方法和实验技术,在后来的微生物学研究中所发挥的奠基性的作用。

他在实验中创立的微生物学实验技术和方法,如分离和纯培养技术、培养基技术、染色技术、显微摄影技术,一直沿用至今。这也是他留给微生物学界的伟大学术遗产。

生物学新分支——分子生物学

分子生物学是从分子水平研究生物大分子的结构与功能,以阐明生命本质的科学。这是一门非常年轻、实验性极强的生物学分支学科。1953年,詹姆斯·杜威·沃森(1928—)和弗朗西斯·克里克(1916—2004)共同建构的DNA分子的双螺旋结构模型是分子生物学诞生的标志。自诞生之日起,它就是生物学的前沿学科,带动了整个生物学的飞速发展。它对于现代生物学的影响,恰如粒子物理学对20世纪物理学的作用。

图3-18 分子模型示意图

正如显微镜和显微技术的发明与改进，催生了细胞学和细胞生物学一样，从分子生物学的诞生过程来看，至少是在两个不同方向上的实验技术和实验研究共同促成了这一学科的形成和发展：一是对生物大分子的三维结构分析，二是对基因之谜的探索。

1912年，英国的亨利·布拉格（1862—1942）和劳伦斯·布拉格（1890—1971）父子共同创立了X射线晶体学，成功地测定了一些相当复杂的分子以及蛋白质的结构。后来，他们的学生又对毛发、肌肉等纤维蛋白以及胃蛋白酶、烟草花叶病毒等生物物质进行了初步的结构分析。这些实验研究为后来生物大分子结晶学的形成和发展奠定了基础。在蛋白结构分析方面，1950年，美国化学家莱纳斯·卡尔·鲍林（1901—1994）等人发表论文，揭示了蛋白质分子的一种二级结构形式——α螺旋结构。1953年，英国生物化学家弗雷德里克·桑格利用纸电泳及色谱技术完成了牛胰岛素的氨基酸序列的测定，开创了蛋白质序列分析的先河，揭示了这种蛋白质的一级结构。

通过在X射线分析中应用重原子同晶置换技术和计算机技术，肯德鲁和佩鲁茨先后在1957年和1959年阐明了鲸肌红蛋白和马血红蛋白的立体结构。对蛋白质立体结构的掌握，使人们开始努力研究其他重要生命物质的立体结构。而携带着遗传信息的神秘物质到底是什么、是不是蛋白质，还是一个尚未得到解答的问题。

在探索基因之谜方面，奥斯瓦尔德·西奥多·埃弗里（1877—1955）的研究团队长期深入研究肺炎球菌的转化现象，他们于1944年明确指出，DNA才是遗传物质，蛋白质和多糖并非遗传物质。麦克斯·德尔布吕克（1906—1981）的噬菌体小组从1938年开始做一系列实验，到1952年底，这个小组开展的实验利用放射性示踪法再次揭示，是DNA而非包裹其外的蛋白质外壳，具有再生大量新的噬菌体病毒所需的全部遗传信息。遗传信息由DNA而非蛋白质携带，这个问题终于解决了，尽管仍有生物学家对此表示怀疑。下面的问题就是要弄清楚：

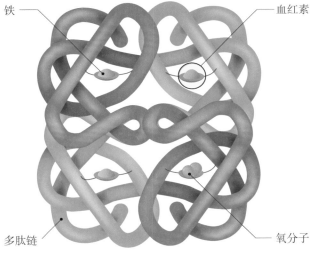

铁

血红素

多肽链

氧分子

图 3-19　人血红蛋白的分子结构

DNA 到底长什么模样？是何结构呢？

　　1952 年底，英国女科学家罗莎琳德·富兰克林（1920—1958）利用她精湛的 X 射线晶体技术拍摄出高质量的 DNA 照片，并据此进行了复杂的计算，推测出

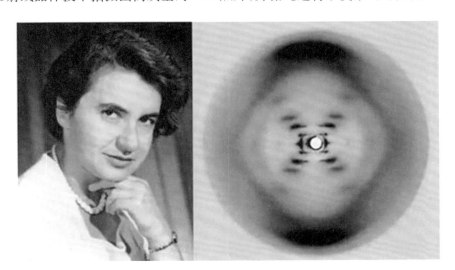

图 3-20　罗莎琳德·富兰克林和她拍摄的 DNA 的 X 光照片

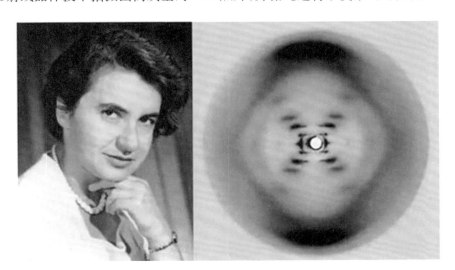

DNA可能是一个螺旋体。此时,她已经非常接近于发现DNA的双螺旋结构。1953年2月,沃森和克里克见到了这张照片并获得了关于碱基对的详细实验数据之后,终于完成了破译DNA双螺旋结构的最后一步。这个伟大的研究成果绝不单单是沃森和克里克两个人的功劳,而是多个方向、多个研究小组的实验研究结果汇总之后,加上严密的数据推演与巧妙的模型建构才最终形成的。沃森和克里克想方设法,站到了别人的肩膀之上,才得以完成这项伟大的发现。

DNA双螺旋结构的破译,是分子生物学和分子遗传学诞生的标志。从此以后,人们对于生命之谜的破译,开始进入阐述生物大分子结构与功能的新阶段。分子生物学此后数十年间的发展,一方面依赖于大量的实验研究,另一方面则是依赖于科学家大胆而又有实验依据的科学假说,从实验结果中酝酿假说,再利用实验反复检验假说,以及大量新型实验技术的产生和应用,推动了分子生物学的诞生和发展。

现在,分子生物学的又一项伟大成就——基因工程已经广泛应用于制药工业。此外,随着人类基因组研究的不断进展,DNA分析技术已经成熟,并被广泛应用于刑事案件侦查和亲子鉴定当中;随着技术成本的不断降低,DNA分析已经日益普及。现在,我们只要花上几百元,提供一点唾液样本,就可以获得一份详尽的DNA分析。而这些为我们带来切实好处的分子生物技术都诞生于这一学科的实验研究之中。

与哲学分道扬镳——科学心理学

19世纪30年代,生理学在神经系统、大脑和感官生理方面的实验研究取得了重大进展,生理学已经发展成为一门独立的实验科学。这时,一些生理学家的研究逐渐转向心理学领域,形成了介于生理学与心理学之间的生理心理学。

与此同时,在电学方面的最新研究进展很快影响到了这个交叉性的研究领域。

1850年,德国生物物理学家亥姆霍兹(1821—1894)以青蛙腿和检电计作为研究器材,巧妙地测量和计算出青蛙的神经冲动在神经纤维里的传导速度。他还进一步测量了人的神经冲动传导速度。虽然亥姆霍兹对人体实验结果的可靠性并不满意,但这种实验研究方法却为心理学后来的发展开辟了一条全新的路径。这意味着感觉与知觉这类人类心理活动是可以进行实验和测量的,为心理学向实验科学发展指明了方向。

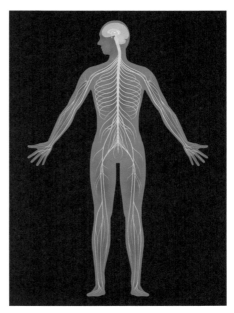

图3-21　人体神经系统

德国感官生理学家恩斯特·亨利希·韦伯(1795—1878)通过精细的人体实验研究和测量,提出了心理学上的第一个定量性法则——韦伯定律,阐明了外界物理刺激与人体感觉之间的函数关系。

◆ **韦伯定律**

我们先举起1千克的哑铃,再举起2千克的哑铃,这时我们会明显感到质量的增加。换一种方式:先举起100千克的杠铃,再举起101千克的杠铃,能感觉到质量有增加吗?几乎不会有人能觉察出来。同样都是增加了1千克,为什么有时能觉察,有时不能觉察?韦伯定律说的就是人们对不同物理刺激的差异的感受,不是取决于其绝对值,而是取决于相对值。

随后,韦伯的学生、德国物理学家古斯塔夫·费希纳(1801—1887)进一步发展了韦伯的研究,进行了一系列的亮度实验、举重实验和视觉、触觉距离实验,运用心理物理法确定了外界物理刺激和心理现象之间的函数关系。他指出,当刺激强度以几何级数增加时,感觉的强度以算术级数增加。虽然其研究成果以今天的标准来看,并不算完美,但这种依靠测量、实验和数理分析的心理物理学研究方法为后来诞生的科学心理学研究奠定了基础。

心理学真正同哲学分道扬镳、演变成为一门以实验而非思辨为基础的实证科学,要首先归功于德国生理心理学家威廉·冯特(1832—1920)。早在1862年,他就率先提出"实验心理学"的名称,坚决主张借鉴生理学,坚持走实验研究的道路。而且,冯特的思路非常明确,他要做的是心理学实验,而非此前的其他人已经完成的带有生理学性质的心理学实验。

1879年,冯特在德国莱比锡大学创立了世界上第一个心理学实验室,当时的实验目的是测量受试者听见球落到平台上之后按动发报键之间的时间。此后,冯特和他的学生们针对感觉、知觉、联想、反应等简单心理现象进行了大量实验。他们运用实验定量法进行了前所未有的心理学实验研究,使得心理学终于变成了一门实验科学。冯特的实验室和实验方法通过从世界各地前来向他学习的学生们扩散到了全世界,成为当时各国心理学实验研究的模板。虽然后来的心理学关注焦点、研究方法都发生了转移,但冯特所确立的心理学实验研究方法和研究规范却一直影响着这门学科的发展,因此冯特被尊为"科学心理学之父"。

微信扫码

看科学实验小视频高效学习
添加学习助手获取服务

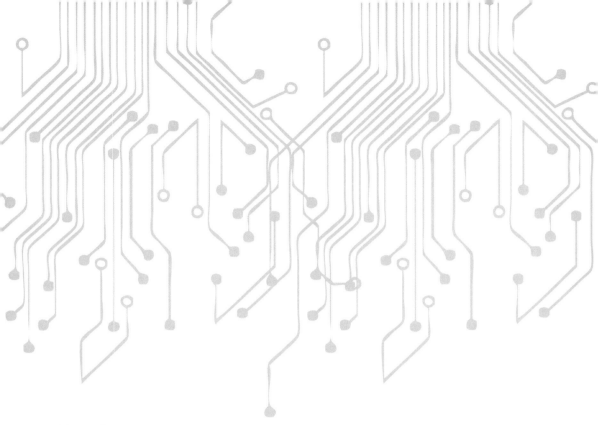

第4章

科学理论的仲裁者

　　科学家对科学理论无论是支持还是反对，都是以实验作为首要依据的。所以，设计和寻找能够支持或反驳理论的相关实验，是科学家在理论争论中的主要活动之一。而这个千方百计寻找实验证据的过程，既是对科学理论的检验、丰富和修正，也是对实验研究的提高和完善。那么，被认为是错误的理论就一定一无是处吗？其实也不一定。错误的理论指导出来的实验，一样可以成为新理论的基石和起点，就如同森林里倒下的朽木会滋养出鲜美的蘑菇一样。

被实验判处"死刑"的以太

　　什么是以太？这是现代物理学中已经不存在的一个概念,就像现代医学和生理学中不会再用"灵气""活力"这种古老而含糊的概念来解释生命现象和生命活动一样。以太作为一个近代物理学概念,从17世纪诞生自笛卡尔起,到19世纪80年代经实验检测证实找不到以太存在的证据,再到1905年爱因斯坦大胆地放弃以太概念,以太"存活"了两百多年。

　　19世纪,物理学家推断,如果以太存在,地球就一定在以太中运动,因此,在运动的地球上,从不同的方向测得的光速应当不同。形象地说,地球以大约每秒30千米的速度在轨道上公转,那就意味着会有一股速度为每秒30千米的以太风扑面而来。由于以太是光的传播媒介,那么顺以太风和逆以太风传播的

◆ **以太**

　　在古希腊百科全书式的伟大学者、哲学家亚里士多德那里,以太是指位于天空上层的那种完美而神秘的物质。笛卡尔最先把以太这个概念引入近代科学,认为以太是充满空间的弹性物质,是力的传播媒介。在后来的光学研究中以太又被当作光波的传播媒介。牛顿虽然认为光是粒子流而不是波,但他认为以太可以传递电、磁、引力等等。麦克斯韦方程组利用以太概念成功地解释了电磁波。

　　以太作为物理研究当中一个随时可以派上用场的辅助概念,人们猜想它具有如下的特征:无所不在、没有质量、富于弹性、绝对静止;以太充满整个宇宙,电磁波可在其中传播。

两束光,其速度应当不同。最大光速应当是 $c+30$,最小光速则为 $c-30$。

美国科学家阿尔伯特·迈克尔逊对当时已有的干涉仪进行了改进,发明了极为灵敏的迈克尔逊干涉仪。这种干涉仪能使两束相干光完全分开,一般是使其形成90度的夹角。他设计的实验如下:使从同一光源中分出的两束相干光,其中一束平行于地球运动方向,另一束则与地球运动方向垂直,再使它们重新会合。如果存在以太风,则因两束光相对地球速度不同产生一定相位差而形成干涉条纹。他再使整个仪器沿水平方向转过90度角,两束光方向互换,相位差逆转,则干涉条纹就会发生移动。结果,这次实验没有得到足以判断以太是否存在的数据,称为零结果实验。

没有检测到预期中的以太风,迈克尔逊并不死心,还要继续实验,追寻以太风的蛛丝马迹。1887年,他和莫雷合作,对实验进行了改进。这次实验的精度比以往大为提高。从实验设计可以推算出,如果存在以太的话,实验中应能观测到干涉条纹发生相当于140个条纹宽度的移动,但观测结果却是即使有条纹移动,移动距离最大也不会超过101个条纹的宽度。这个结果对于一心想要找到以太的迈克尔逊来说,又是一次失败的实验。

既然并没有找到在以太中以不同方向传播的光在速度上的差别,那么是不是意味着以太根本不存在呢?包括迈克尔逊在内的物理学家们都不想承认这个结果,所以他们想方设法来解释这个以太漂移的零结果实验。

1895年,荷兰物理学家亨德里克·

图4-1 阿尔伯特·迈克尔逊

安东·洛伦兹（1853—1928）提出了一个变换公式,试图以运动物体沿运动方向发生长度收缩的说法,来解释这个方向的光速没有发生变化的测量结果。"光速不变"这一极为重要的物理学前提就这样歪打正着地诞生了。

　　1905年,爱因斯坦索性更进一步,在承认光速不变的前提下,直接宣布这个没有功劳、只令物理学家们徒增烦恼的以太根本就不需要存在。他以光速不变原理和狭义相对性原理为基本假设,建立了狭义相对论。所以,以太漂移实验在迈克尔逊看来是失败了,但其实对爱因斯坦来说,倒是他创造新理论的实验起点。

　　最后,这个实验可以说是一个硕果累累的实验,不仅宣告了以太的"死刑",同时昭示了新物理学的诞生。对迈克尔逊和近代物理学来说,它也是非常成功的一次实验研究,可以称作里程碑式的实验:这个实验建立了以光波波长为基础的绝对长度标准,空前精密地测定了光速,展示了干涉仪这一实验仪器在物理学研究中的广阔应用前景,物理研究又多了一个法宝和利器。现在物理学的引力波侦测研究中,使用的设备也是干涉仪的现代版和放大版;迈克尔逊本身则因为这项工作,成为美国第一位诺贝尔奖得主。而他对光速孜孜不倦的测量,甚至坚持到了他生命的最后。

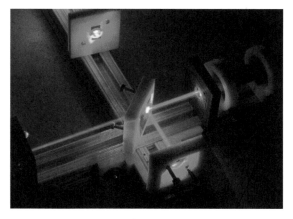

图4-2　迈克尔逊激光干涉仪

地心说棺材上的最后一颗钉子

地心说诞生于古希腊先贤亚里士多德之手，罗马时期的杰出希腊天文学家托勒密对它进行了完善和量化。这一学说体系符合当时人们对天象的直观感受，也能与天文观测数据大体吻合，所以流传1400年之久后，其权威地位依旧牢固。

但古希腊人的智慧并不只体现在地心说上。阿里斯塔克是历史上最早提出日心说的人，他还最早测定了太阳和月球对地球距离的比值，并估算出太阳直径是地球直径的7倍。这个值虽然很不准确，但也明确了太阳的体积比地球大300多倍。由此，阿里斯塔克认为，一个庞大的太阳，绕着体积不到自己三百分之一的地球旋转，是没有道理的。所以，他成了第一个提出日心说的天文学家。他认为地球每天都在自己的轴上自转，每年都沿圆周轨道绕日一周，太阳和恒星都是不动的，行星则以太阳为中心沿圆周运转。这是古代最早的日心说思想。

就连托勒密本人也考虑过地球运动的可能性，而且他还知道，无论是地球旋转还是天上的星星绕地旋转，天文现象看起来并无差别。但是，他基于物理上的理由放弃了地球运动的想法，因为这样会把云朵、小鸟等物体都远远地甩在后面。

因此，阿里斯塔克的日心说就面临着两个挑战。一是上述托勒密担心的理由，哥白尼这位数学天文学家也没能解决这个物理学难题，还是伽利略出手推翻亚里士多德的物理学体系，建立起近代物理学，阐明了相对性原理，在这个问题上日心说才算攻下一城。第二个挑战就是恒星的周年视差问题。阿里斯塔克的同时代人反驳他说，如果是地球绕太阳运动，那么在运动轨道的不同位置

（一年里的不同时间），我们观察到的同一个恒星的位置应当有所不同。阿里斯塔克对此也给出了正确的回答：恒星离我们太远，以致视差无法被观察到。但是，这个回答并未被人们接受，他的日心说就此沉寂下去。

不过，他推算太阳、地球、月亮之间距离的方法却流传了下来，而且后人的推算结果也越来越精密。到了哥白尼的时代，恒星视差问题仍旧没有更好的答案，依旧是日心说的软肋。能否观测到视差，成了日心说能否站得住脚的关键之一。

时间到了19世纪，这时天文学家手中的仪器已经不是伽利略时代那种倍数极低且成倒像的简陋望远镜了。经过开普勒、牛顿、威廉·赫歇尔等一众科学家在理论和实践上的不断改进，天文学家手上的设备越来越精密和多样，做出更多、更重大的天文发现的时代已经到来。折磨了日心说2000年的恒星视差问题终于迎来了彻底解决的时候。

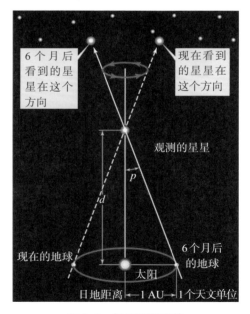

6个月后看到的星星在这个方向

现在看到的星星在这个方向

观测的星星

p

d

现在的地球

6个月后的地球

太阳

日地距离 ←—1 AU —→ 1个天文单位

图4-3 恒星周年视差

19世纪30年代，德国天文学家、数学家贝塞尔（1784—1846）想用量日仪这种新设备来测量恒星间的距离，它的工作原理就是利用恒星视差。贝塞尔选择了天鹅座61星作为观测对象，持续观测了一年多之后，在1838年，他报告说天鹅座61星的视差为0.31角秒（1度＝60角分＝3600角秒），这相当于把一枚5分硬币放在16千米远处观看时的视角。这么小的视差，凭借肉眼和低倍望远镜当然是无法察觉到的。而这颗星离地球的距离，经过计算，是11光年，光要走整整

11 年才能从它抵达地球。而太阳的光只要 8 分钟多一点,就能抵达地球。对比之下,可以想象这颗星星是多么的遥远。但这仍然算是我们的近邻。

只过了两个月,英国天文学家亨德森就测算出了半人马座α星与地球的距离。这颗星是天空中第三明亮的星,位于南天低空处。它的视差为 0.75 角秒,是天鹅座 61 星的两倍多。因此,半人马座α星离地球要近得多。它距离太阳系只有 4.3 光年,是离我们最近的恒星邻居。而且它并不是一颗单独的星,是由 3 颗恒星组成的。

到 1900 年,天文学家已经测出 70 颗恒星的视差。到 20 世纪 80 年代,已测出数千颗之多。

人们说,恒星视差的发现,给地心说的棺材钉上了最后一颗钉子。因为伽利略用望远镜发现的木星卫星等证据还只是反驳地心说的间接证据,只能说明木星连同它的几颗卫星如同一个小太阳系一样,有卫星绕木星旋转,而不是绕地球旋转。能说明地球绕日旋转的直接证据,还是恒星视差。这时,地心说终于寿终正寝,走到了它的尽头。

一百年里两度成为世界头条的广义相对论

对普通人来说,科学家的理论大多高深莫测、难以理解,看上去和日常生活风马牛不相及。所以,他们的声望与荣耀往往止步于专业人士的小圈子,而不为大众所知。但也有少数科学家非常幸运,能够成为普罗大众的关注焦点,甚至成为全世界的热点话题,爱因斯坦和霍金就是这样两位非常少见的物理学家。其理论的新闻热度恰与其艰深难懂的程度成正比,确实是现代科学传播史上的一大奇观。尤其是爱因斯坦的广义相对论,刚刚诞生不到 5 年,就在 1919 年成了欧美各国的新闻头条,可关于广义相对论的讨论并未就此止步,甚至到

图4-4　阿尔伯特·爱因斯坦

了2017年,它仍然会成为世界各国媒体争相报道的热点话题。而广义相对论的这两大波热潮,都应当归功于专门为它精心设计和实施的两次天文观测。

1915年至1916年间,个人生活正处于一团乱麻之中的爱因斯坦接连在德国的学术刊物上发表了几篇论文,并作了几次学术报告,发表他经过艰苦思考、计算和酝酿数年之后取得的阶段性成果——广义相对论就这样问世了。

简单地说,这个理论的核心在于阐述物质及其引力对时空的影响。它还在质量、引力和时空之间建立起一种紧密的关联:像太阳这种质量巨大的天体,会使它周围的时空发生弯曲,所以行星围绕太阳做曲线运动,并不是牛顿描述的那样——"行星被太阳吸引",而是行星沿着太阳周围弯曲的时空在运动。而光线也逃不脱这个弯曲时空的影响,本应沿直线前进的光线在太阳附近也会发生弯曲。爱因斯坦此时计算出来的偏折值是1.75角秒。

爱因斯坦虽然是理论物理学家,但一直希望能有实验验证自己的广义相对论。浩瀚无垠的星空就是广义相对论所需要的实验室,遥不可及的天体就是它的滑块、弹簧和小车。爱因斯坦提议在日全食时,通过观测当时星光的偏离角度来加以验证。

当时的欧洲正笼罩在第一次世界大战的炮火之中,德国与英法两国的战事正酣。但这丝毫没有影响年轻的英国天文学家亚瑟·斯坦利·爱丁顿(1882—

1944）接受和宣扬广义相对论的热情，广义相对论当时在英语国家的头号知音和首位宣传者非爱丁顿莫属。爱丁顿并没有因德国是英国的敌对国而反感爱因斯坦的理论。和爱因斯坦一样，他也很想通过日全食期间的恒星观测来验证爱因斯坦的这个理论。

在1919年日全食发生的6个月前，天文学家就在夜晚将望远镜对准了日全食发生时太阳所处天空的位置。他们要先观测和拍摄星光不受太阳引力场干扰时的位置，作为此后比对的基础。

1919年3月，爱丁顿领导下的两支英国远征队向着预测中的理想观测地出发了：一支队伍由爱丁顿率领，奔赴当时西属几内亚的普林西比岛；另一支队伍则前往巴西北部的索布拉尔。

5月29日，日全食发生当天，爱丁顿所在的观测地一直在下雨，但在日食发生时云层很凑巧地散开了几秒钟，他们抓住时机，利用这几秒钟拍摄了16张照片，但只有2张能用。前往巴西观测的小分队则比较走运，他们拍下了8张能用的照片。

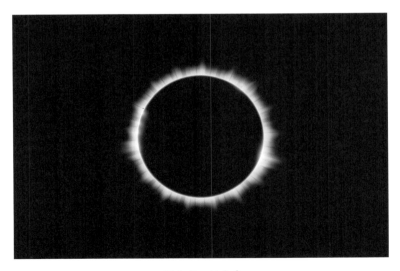

图4-5　日全食

爱丁顿回到英国后,就致力于对照片的分析与处理,并在当年9月公布了初步结果。11月,他们正式发表了最终结果:一台望远镜观测到的光线偏移为1.98±0.18角秒,另一台为1.60±0.31角秒。

结果发布之后,欧美国家的媒体特别兴奋,英国《泰晤士报》、美国《纽约时报》、德国《柏林画报》先后于11月、12月发表了标题十分惊人的文章来报道此事,如《科学革命:新的宇宙理论推翻了牛顿的观点》《世界历史上的新伟人:阿尔伯特·爱因斯坦,他的研究完全颠覆了我们看待世界的方式,他的发现堪与哥白尼、开普勒、牛顿比肩》等等。爱因斯坦自此一夜成名,在其他国家也开始享有巨大的声望。雪片般涌来的信件也让爱因斯坦饱尝了出名后的烦恼。

图4-6　1919年《伦敦新闻画报》对爱丁顿日食观测的报道(太阳上方左侧的亮点是恒星的真实位置,右侧的亮点是恒星的视位置;右侧圆圈当中,太阳周围的恒星,亮点代表其真实位置,箭头则表示其视位置)

然而,结果发布后,科学界对数据可信度和精确度的质疑有很多,既有对设备本身精确度的怀疑,也有对爱丁顿数据取舍的怀疑。有人认为爱丁顿刻意放弃了与预测值偏差较大的照片,以使观测结果与爱因斯坦的理论预测值相吻合。

科学家有意地忽略和删改对自己理论不利的实验数据,并不鲜见(在科学研究中永远保持诚实,对他们来说并不容易)。但在这个问题上,爱丁顿的做法并没有不当之处。他在论文中公布了全部数据,在此基础上进行了自己的取舍。而在 1979 年,英国皇家格林尼治天文台用计算机等现代手段对那些被爱丁顿认为是设备有问题、弃而不用的照片重新进行了分析处理,发现最终结果为 1.90±0.11 角秒,比那些被他采用的照片与理论预测值吻合得更好。

不过,富有怀疑精神的科学界对这项观测所做的验证工作远不止于此。

1922 年,一直对广义相对论持否定态度的美国天文学家坎普贝尔在澳大利亚进行了一次日全食观测,得出了 1.72±0.11 角秒的结论,坎普贝尔就此宣布承认自己的错误。各国的天文学家还在 1929 年、1936 年、1947 年、1952 年、1973 年进行了观测。这些观测的设备和方法一直在不断改进,但结果之间出入很大。

为了突破光学照相观测的极限,1974 至 1975 年间,福马伦特和什拉梅克利用射电天文学的新武器——甚长基线干涉仪观测了太阳引力场对三个射电源辐射的偏折,测得的受太阳引力影响引起的微波偏折角度为 1.761±0.016 角秒,终于以误差小于 1％的精度证实了爱因斯坦的预言。

爱因斯坦还认为,可以验证广义相对论的天文观测远不止日全食下的恒星光线偏折现象,引力红移、水星近日点的进动等都可以很好地验证他的理论预测。他还有一项看似特别虚无缥缈、连他自己都不抱多少指望的观测项目——引力波。既然引力场就是有质量的物体周围弯曲的时空,如果物体发生了运动或质量发生了变化,那么它周围的空间也会发生变化,这意味着引力也会发生

图4-7　引力波

波动。爱因斯坦设法从数学上对引力波进行了严格的表述和证明。

1915年,爱因斯坦发表了他的广义相对论场方程来表述他所探寻到的宇宙奥秘。但这个神秘的方程,与其说是谜底,倒不如说是个谜面。在没有计算机、更谈不上有超级计算机,只能靠大脑、纸笔和计算尺进行演算的当时,这几乎是一个无解之谜。爱因斯坦自己也没有完全搞清楚它的物理含义,并且只能求得其近似解,而非精确解。

幸运的是,爱因斯坦的阵营有一批又一批的优秀人才加入,虽然他徘徊过、疑惑过,也失误过,但这些优秀的科学家薪火相传,为这个方程赋予了越来越明确、越来越丰富的物理学含义。

德国天文学家卡尔·史瓦西(1873—1916)先后在军队中负责气象工作和炮弹弹道的计算,就在德军入侵苏联境内的寒冷战壕里,史瓦西求出了连爱因斯坦都未能预料到的场方程的第一个精确解——史瓦西半径。史瓦西给出的公式表明,一个天体如果被压缩到史瓦西半径之下,就会成为黑洞这种可以吸引一切、吞噬一切的魔幻般的天体。当然,当时的天文学还没有创造出黑洞这个概念。

如果太阳的半径被压缩到3千米,地球的半径被压缩到9毫米,那么它们就会变成连光线都无法逃逸的黑洞。物体的质量越大,其史瓦西半径就越大。遗憾的是,战场上极度恶劣的生存条件严重损害了史瓦西的健康,他因患上天疱疮而被遣送回家,并很快去世。史瓦西硕果累累的科学生涯就此戛然而止。相比之下,爱丁顿就幸运多了,他的同事设法使英国政府意识到应当把科学家留在后方而不是派往战场,爱丁顿才得以留下来继续进行科学研究。否则,科学界可能又会陨落一颗明星。

1936年,爱因斯坦接受了同事的指点,承认引力波是柱面波而非球面波或平面波,重新做了引力波存在的论证。但这时的引力波仍然是理论物理学家笔尖、纸上的镜花水月,是否存在还是未知数。爱因斯坦是否正确,依旧无人知晓。

1950年,终于有实验物理学家对这种纸上谈兵的局面看不下去了,他们出手了。最先做出引力波探测设备的是美国实验物理学家约瑟夫·韦伯(1919—2000)。他的探测器就是一根直径65厘米、长1.5米、近1.5吨重的实心大铝柱,铝柱的中间位置被贴了一圈传感器,这个大家伙被称为韦伯棒。韦伯精心设计的实验设备一度取得了轰动性的结果,但遗憾的是,他侦测到的信号后来被证实只是噪声,并无实际意义。

但这起乌龙事件并没有吓退物理学家,一度有些冷清的引力波话题反倒因此渐渐有了人气,更多的研究人员和资金开始聚集到这个看似希望渺茫的课题上来。欧美的物理学家不断改进实验设备,尝试接收引力波信号,美国天文学家却有了特别意外的发现——中子星的双星系统。因为中子星自转时会发出脉冲信号,就靠着这个脉冲信号极其微小的周期性变化所提供的信息,他们推算出了一颗中子星的公转轨道、它的那颗看不见的伴星质量、它们的公转速度等。

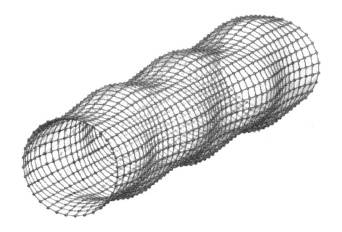

图4-8　在传播方向上呈圆柱形的引力波三维波形

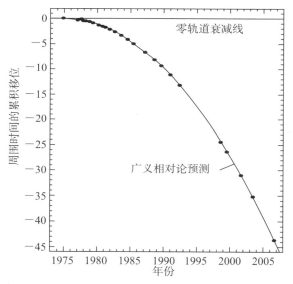

图4-9　广义相对论预测的双中子星公转轨道衰减与天文观测结果的比较

最后这个双星系统的神秘面纱被揭开了：这是两颗质量接近于一个半太阳的中子星，它们坍缩到了半径只有10千米的程度。彼此间的距离最近时只有75万千米，最远时达300多万千米。其公转的速度特别快，达到光速的千分之一。这不就是宇宙为检验广义相对论送来的标准样本吗？泰勒和赫尔斯发现理论预测与他们的测量结果完美吻合。

根据中子星质量和轨道参数这样的已知条件，按照广义相对论可以计算出，由于引力波辐射造成的能量损失，这两颗中子星的平均距离会每年减小3.5米、公转周期减少76.5微秒（0.0000765秒）。这些极其微小的数值已经可以用美国当时的新式天文望远镜进行观测和核实了。前后一共持续了三十多年的观测数据非常完美地证实了广义相对论的理论推算。爱因斯坦所说的引力波不仅确实存在，而且还可以被精确地计算出来。这两颗双星的最终命运是距离越来越近、最终发生剧烈的碰撞和合并。

广义相对论关于引力波的预测至此，已经得到了天文观测令人满意的支持，但致力于侦测到引力波的物理学家仍然想亲眼看到、亲耳听到引力波。毕竟，双星系统的运动和变化规律只是证明了引力波确实存在，但终究不是直接在我们的仪器设备上看到引力波的真容。

为了实现这个愿望，执着的欧美物理学家上演了一幕又一幕充满了竞争与合作的学术大戏，最终的引力波探测项目变成了差不多和高能粒子加速器一样的巨型科学项目。就在广义相对论诞生的一百年后，在2015年，LIGO团队侦测到了两个黑洞合并产生的引力波信号。2017年，他们再次侦测到了两颗中子

图4-10　世界第一张黑洞照片

星合并产生的引力波信号以及光学信号。2019年4月,世界上第一张黑洞照片横空出世。

　　一百年间,爱因斯坦、史瓦西、钱德拉塞卡等一众理论物理学家的预言终于在实验物理学家和工程师的努力之下得到了实验证据的有力支持。

微信扫码

看科学实验小视频高效学习
添加学习助手获取服务

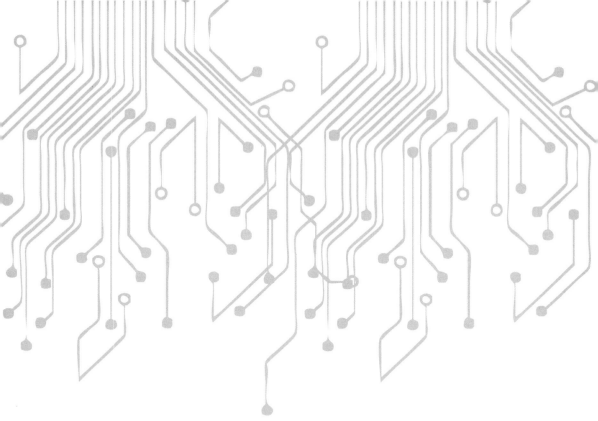

第 5 章

技术创造的热土

　　古代的技术发明大多依赖于多年的经验积累和技术实践，如中国古代发明的造纸术、印刷术、指南针和火药；而近代以来的技术发明则日益依赖科学理论和科学实验，实验在新技术、新发明的诞生过程中已经成为一个不可或缺的环节。这一章，我们将探讨近几十年来科学家和工程师借助实验室完成的对人类生活有着重大影响的几项技术创造。

举步维艰中诞生的试管婴儿

如果一项前所未有的新技术，不被任何人看好，而且处处受打击，还要不要开发呢？如果根本没有现成的理论可供参考，要不要等理论有了再开发？如果开发中步步是坎，又该怎么办？

如果说有一项技术的研发比开发原子弹还困难，引发的争议比原子弹还要大，那么试管婴儿技术首当其冲。

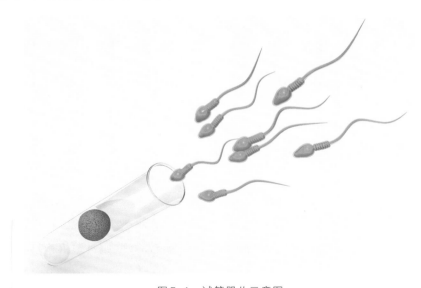

图5-1 试管婴儿示意图

以研制原子弹为目标的曼哈顿工程汇集了美国数万名科学家和工程技术人员，是人类历史上空前成功的一项工程技术壮举。这项研究，虽然在理论和实验上都是在难度极高的未知领域里艰苦探索，但有利条件是美国政府在财力和人力上的倾力支持，汇聚了美国本土及从欧洲各国流亡到美国的大量优秀科技人才,所以开发进展在总体上还算顺利。至于围绕原子弹产生的巨大争议,主要开始于成功试爆之后,而这并未对开发进程构成任何阻碍。

相比之下,试管婴儿的开发过程就太坎坷了,简直就是一部不断从失败走向失败的血泪史。在几乎没有任何资金支持,没有任何专家认为可行,只有来自舆论的反对,这样一种孤立无援的情况下,罗伯特·爱德华兹(1925—2013)和他的合作伙伴帕特里克·斯特普托(1913—1988)坚持不懈,花费了20年才研究成功,也算是人类在20世纪的一件大事。而从未平息过的巨大争议,更是给这项举步维艰的研究蒙上了厚重的阴影。下面我们就来看一看爱德华兹是怎样历尽千辛万苦把试管婴儿带到人间的。

爱德华兹是英国生理学家,他和达尔文一样,自幼喜欢动物。不过,和达尔文不同,爱德华兹出身于非常普通的工人家庭,家中兄弟三人都是靠着天资聪颖在11岁左右考取了文法学校,这是当时英国底层那些聪明的孩子们少有的脱颖而出、改变人生的机会。第二次世界大战期间,18岁的爱德华兹应征入伍。1948年,退伍的爱德华兹进入北威尔士大学班戈分校学习农业学,但他对这些课程感到索然无味。不出意料,爱德华兹的毕业成绩很糟糕,仅以勉强合格的水平获得了学位。1951年,大学毕业的爱德华兹申请了爱丁堡大学动物遗传学的研究生课程,尽管他的大学成绩单一点都不漂亮,但他的申请居然被接受了,实在是令人喜出望外。爱丁堡大学的研究方向非常合乎爱德华兹的趣味,这次他不仅顺利毕业,并且获得了每年240英镑的丰厚资助,继续读了三年的博士,后又从事了两年博士后研究。1951年至1957年间,爱德华兹十分高产,总计完成了38篇论文。这些发表在高水准刊物上的论文奠定了他在发育的遗传控制领域的领先地位,并引起了学术界的关注。对很多普通的科研人员来说,在其一生的职业生涯中取得的成果都不一定能达到如此高的质量和数量。

在爱丁堡大学攻读博士学位期间,爱德华兹主要研究小鼠胚胎发育。在这个过程中,他逐渐掌握了利用性激素调控老鼠子宫功能、促进卵母细胞成熟、促进排卵等人工生殖技术。同时,研究人工干预老鼠生育的过程令他开始思考使人类卵子在体外成熟和受精的可能性。

1957年至1958年间,爱德华兹前往美国加州理工学院进行访问研究。他把这一年的时光形容为"有点像度假",但这个假期的成果却是发表于1960年至1976年间的23篇论文,又是一段特别高产的研究生涯。爱德华兹此时的研究转向了利用子宫的免疫机制避孕的可能性。这为他后来获得美国的研究资助打下了基础。而正是他在避孕方面的研究,使得他后来在一次学术会议上结识了自己最重要的合作伙伴——妇科医生斯特普托,并转向人工辅助生殖技术的研究。这个研究方向的转变在技术上其实是相通的,但目标却恰好相反,不知道资助爱德华兹从事避孕研究的这些机构后来发现自己投向控制生育技术研究的资助反而促进了生育技术的跃进,会是何种反应。

1958年,回到英国的爱德华兹成为英国国立医学研究所的研究人员,他的精力分散在两个互相矛盾的研究方向上。爱德华兹白天研究免疫避孕,晚上和周末则花费越来越多的时间研究人类卵子的体外成熟过程。这时,他的目标是在卵子成熟期和胚胎发育的最早期进行唐氏综合征、特纳综合征、克氏综合征等遗传疾病的筛查,不孕不育问题还没有成为他关注的焦点。研究中首要的实验材料是女性的卵母细胞。从哪里能取得实验材料?这是一只大大的拦路虎。若是小鼠和兔子的卵细胞,那很好办,买来现成的实验动物加以饲养、繁殖、取卵即可,尤其是这些繁殖能力爆表的啮齿类小动物,算得上"物美价廉"。如果是猪、牛、羊这些大批量商业化饲养的动物,那更好办,带着保温设备去屠宰场购买人家丢弃不用的内脏即可。可是人类女性拥有的卵母细胞是有限的,一生中只有400个左右,在当时还必须做开腹手术才能取卵,这意味着不可能有人愿意充当供体提供卵细胞。

图5-2　人工授精示意图

◆ 几种先天性染色体异常性疾病

唐氏综合征，也叫先天愚型，病因在于第21号染色体的异常，最常见的是有三条21号染色体，也有少数患者属于21号染色体易位及嵌合的类型。高龄孕妇的卵子老化是染色体发生不分离现象的重要原因。患者智力落后、有多种发育畸形及特殊面容。

特纳综合征，即女性的先天性卵巢发育不全，患者缺少一条应当来自于父亲的X性染色体或该染色体存在结构异常，导致女性身材矮小，生殖器与第二性征不发育。

克氏综合征，即男性的先天性睾丸发育不全，患者多出一条甚至两条X性染色体，即XXY或XXXY，导致男性的第二性征发育很差，有女性化特点。

不过，只要肯动脑筋，办法总比困难多。经人引荐，爱德华兹结识了妇科医生莫利·罗斯。在此后的十年里，罗斯医生时不时地为爱德华兹带来实验所需的卵巢。这个实验所需材料的数量比起研究猪、牛、羊的学者每天去屠宰场能买到的卵巢数量，简直是天壤之别。虽然数量极其有限，但实验材料总算是有了一个获取渠道，也算是完成了实验的第一步。同时，爱德华兹也尝试对狗、狒狒和猴子的卵子进行研究，但最成功的还是对小型啮齿类动物卵子的研究。

就在这时，爱德华兹对人类卵子的需求、对人类体外受精技术的梦想、对早期人类胚胎遗传及发育的研究，开始传到英国国立医学研究所所长查尔斯·哈灵顿（1897—1972）的耳中，此人特别反对对人类体外受精技术进行任何研究工作，爱德华兹的大麻烦来了。一直到1963年，他都无法获得研究所需的资助。

1963年，爱德华兹获得了研究资助，来到剑桥大学从事免疫避孕方面的研究。这回，爱德华兹开始组建自己的研究团队了。他有了自己的研究助手、秘书和研究生。下一步的实验正式开始。没想到，实验的第二步在失败中挣扎了整整两年。这一步的任务是把从女性卵巢中取出的卵母细胞在体外减数分裂成卵子，作为体外受精的基础。爱德华兹看到美国科学家在1939年发表的论文说，人与兔子的卵母细胞在体外12小时内可自发成熟。论文上是这么说的，可是无论他怎么实验就是不能成功。他尝试了各种办法：改动培养液成分，添加各种荷尔蒙，换各种饲养细胞……总而言之，就是采取了一切能想到的办法。最后，实在无计可施的爱德华兹甚至在整个卵巢上猛灌激素，可见失败已经把他逼到了崩溃的边缘。可是，依旧毫无成效。

> ◆**饲养细胞**
>
> 在体外细胞培养中，单个或少量细胞难以生存和繁殖，必须加入其他活细胞才能使其生长繁殖，加入的细胞被称作饲养细胞。

绝望之极的境地，往往就是希望开始的地方。1965年，罗斯医生又送来一个卵巢。这次爱德华兹灵光乍现，决定耐心等久一点。其实，他更可能是已经心灰意冷、没有继续做下去的心情了。没想到，转机居然出现了！细菌培养、细胞培养时常有这样的情况，你掐着表、大气都不敢出、眼睛都不敢眨地盯着培养皿，到头来一无所获。若是抛之脑后，把它扔一边晾两天，指不定有什么惊喜等着你。当年发现幽门螺杆菌是胃溃疡致病菌的马歇尔，做体外培养也是屡试屡败。马歇尔和助手们以两天为一个培养周期，见不到培养皿上有菌落，就确定培养失败了。后来有一次赶上节日，他们把培养皿忘在培养箱里整整5天……然后，就培养成功了！

这次好运终于向爱德华兹招了招手。25小时后，就在他眼皮底下，染色体开始成形，核仁逐渐消失，减数分裂终变期开始！就这样，爱德华兹花了整整两年时间才弄明白，人的卵母细胞在体外需要36小时才能自发成熟。终于可以进行第三步了——进行体外受精并使受精卵分裂至可以进行人体胚胎植入的状态。胚胎植入后的人体实验非常不顺利。胚胎无法正常发育，最终导致自发性流产。研究又遇到了技术瓶颈。

幸好，由于斯特普托医生常常遇到生育无望的临床病人，所以他的加入改变了爱德华兹研究的初衷。在对不育问题的关注上，斯特普托医生是特立独行的。即使是在当时的英国妇科医生群体中，不育患者的痛苦和需求也往往是被主流遗忘和忽视的。此后，爱德华兹的研究目标由遗传疾病的早期胚胎筛查转向人工辅助生殖技术。同时，作为英国妇科腹腔镜技术的先驱，斯特普托医生为爱德华兹的研究带来了新的改进——无须进行卵子的体外成熟培养，利用腹腔镜技术直接从卵巢中取出已经成熟的卵子即可。而且，作为妇科医生，斯特普托还能给爱德华兹提供实验需要的人类卵子。

斯特普托医生和爱德华兹还有一个共同点，就是作为各自领域的先驱人物，他们在自己的学科里都很不受人待见。斯特普托医生倡导的在妇科疾病诊断和治疗中应用腹腔镜技术，受到了当时英国医学界的排斥。这种孤立无援的感受，和爱德华兹真是同病相怜。好在这两个人都是意志特别坚定的斗士，越挫越勇。

不过，媒体和公众对尚在探索之中的人工辅助生育技术的巨大争议给爱德华兹和斯特普托的研究带来了很大的麻烦。他们不仅在理论和技术上受到强烈质疑，同时还面临着巨大的舆论压力，反对声一浪高过一浪。人们出于道德和伦理的理由，强烈反对这种人工生殖技术。所以，这就酿成了一个贯穿始终的研究障碍——缺少研究经费。有大概15年时间，他们都无法在英国获得研究资助。所以，两人索性在曼彻斯特开办了世界上第一个试管授精中心——波恩诊所。他们直接对那些渴望生育孩子的夫妇进行临床实验。

斯特普托医生的加入还解决了胚胎植入人体后停止发育和流产的难题。他经过研究发现，问题出在为了防止孕妇早期流产而使用的人造黄体酮上。是它引发了流产，而不是胚胎植入技术的问题。

实验进入怀孕阶段后还是麻烦不断：出现过宫外孕、怀孕20周时自发流产等各种状况。就这样，一路磕磕绊绊、走走停停，在几乎拿不到多少研究基金的情况下，这项实验坚持了下来。

虽然试管婴儿的研究一直处于一片反对声中，但有一群人始终是这个研究团队最坚定的支持者——那些因为自身健康原因不能怀孕的夫妇，他们一直希望能有祈祷之外的方法帮助他们生育孩子。妇女们自愿担任人体实验的受试者，她们还自愿无偿地在波恩诊所担任工作人员。

1977年，事情又迎来了新的转机。约翰·布朗与莱斯利·布朗夫妇二人来到波恩诊所求医。莱斯利·布朗身体健康，但因输卵管阻塞，疏通治疗无效，尝试怀孕9年都未能如愿。爱德华兹和斯特普托二人的实验这时也已经失败了80次。了解这一情况的布朗夫妇愿意放手一搏。就这样，双方决定共同合作，展开人类生育史上最具影响力和爆炸性的一次实验。

1977年11月,爱德华兹和斯特普托医生合作,从莱斯利·布朗身上取卵,用其丈夫的精子完成体外受精,培养4天后将胚胎植入其体内。经历了媒体密切监视和频繁骚扰的8个多月的怀孕期后,莱斯利·布朗诞下了一名健康的女婴——路易斯·布朗。这名女婴在英国引起的影响和争议,不亚于当年美国在日本投放原子弹。

　　闻讯而来的数千对不育夫妇排队等候签约治疗。教会对这项新技术多方指责,科学界则怀疑这项研究的严谨性和可靠性。英国政府部门仍旧拒绝提供资助,所以路易斯·布朗的顺利出生并未给爱德华兹的研究环境带来迅速的转机。但是,世界范围内那些渴望生育孩子的不孕不育的人们使医学界的态度逐渐发生了转变。越来越多的国家开始有医疗机构引入这种新技术,多个国家陆续出现了本国的第一名、第二名试管婴儿。1988年3月,中国大陆的第一名试管婴儿诞生。

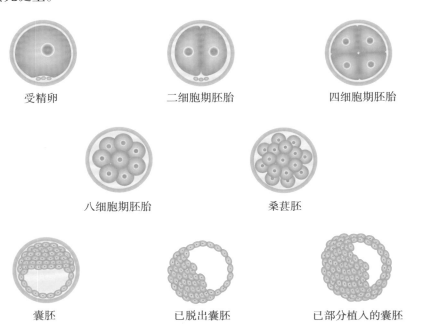

受精卵　　　　　　二细胞期胚胎　　　　　　四细胞期胚胎

八细胞期胚胎　　　　　　桑葚胚

囊胚　　　　　　已脱出囊胚　　　　　　已部分植入的囊胚

图5-3　人类受精卵发育过程(从受精卵到4至6天后囊胚形成)

爱德华兹和斯特普托两人经历多年的坚持和付出之后,仍旧身处巨大的争议旋涡中,但那些靠着试管婴儿技术终于为人父母的人们对此的喜悦和感激是任何批评与质疑都无法淹没的。这也是爱德华兹多年努力的终极动力。这项成果也是人类医疗技术的一个划时代的伟大进步。

现在,人工辅助生殖技术已经成为一个全新的医学领域,全世界范围内以这种方式诞生的婴儿已经数以百万计,这给众多渴望孩子的夫妇带来了希望和快乐。爱德华兹和斯特普托医生二十多年的努力,也得到了肯定。现在,无论是公众、科学界还是教会,对人工生殖技术的态度,都发生了不同程度的转变。2010年,爱德华兹荣获诺贝尔生理学或医学奖,而他的合作伙伴斯特普托医生因已于1988年去世,遗憾地未能一起分享这项荣誉。

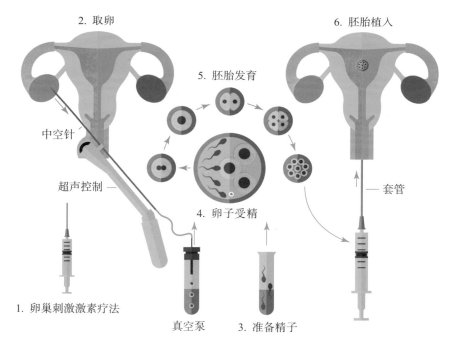

图5-4 试管婴儿的准备过程

从失败的实验中找到了DNA剪刀

　　这里要介绍的是一项失败的实验,实验设计的初衷是研究转基因现象,但并未得到预期的结果。而研究者寻找失败原因的努力,却发现了新大陆——一种新型的限制性内切酶! 这个发现对分子生物学、基因工程、制药工业来说,其影响绝对不亚于哥伦布的地理大发现。

　　1968年,美国生物学家汉密尔顿·史密斯(1931—)带着自己的研究生肯特·威尔科特斯一道研究流感嗜血杆菌的基因重组过程。流感嗜血杆菌会摄取来自外源的游离DNA片段,再将这些DNA片段整合到自己的基因组中。这样,细菌就可以获得一些如耐药性之类的新性状,获得新的遗传优势。细菌这种敞开怀抱的进化策略固然很不错,但是也向不怀好意的敌人打开了大门。这个敌人就是一种比细菌还小的病毒——噬菌体。

　　噬菌体是一个种类特别庞大的家族,每种噬菌体均只攻击特定种类的细菌,像一把钥匙开一把锁一样,具有高度的特异性和专一性。这种病毒专门以细菌为寄生对象,它在细菌体内的所作所为,与寄生蜂很类似。寄生蜂会把卵产在别的昆虫体表或体内,由卵孵化出来的幼虫就以被寄生昆虫的身体组织作为食物,待到发育

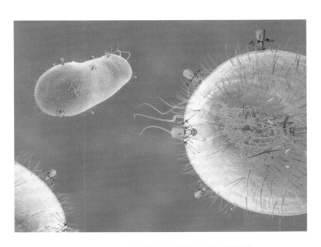

图5-5　正在感染细菌细胞的噬菌体

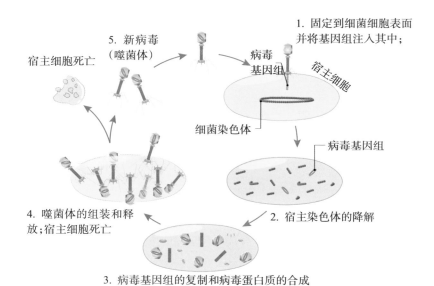

1. 固定到细菌细胞表面
   并将基因组注入其中;

5. 新病毒
   (噬菌体)

宿主细胞死亡

病毒
基因组

宿主细胞

细菌染色体

病毒基因组

4. 噬菌体的组装和释
   放;宿主细胞死亡

2. 宿主染色体的降解

3. 病毒基因组的复制和病毒蛋白质的合成

图5-6　噬菌体的生命周期(浅绿色椭圆形为宿主细胞,粉色为病毒基因组,绿色为细菌染色体)

成熟之后就会从宿主身体里破壳而出。

　　噬菌体长得活像机器零件的小身体,仅由核酸和蛋白质外壳组成,它会在细菌的细胞壁上弄出一个小口,把自己的遗传物质——DNA或RNA注入细菌体内,这些遗传物质会劫持和利用细菌的蛋白质编译系统和各种资源来构建自己所需的蛋白质外壳,进行不断的生长和增殖。所以,噬菌体这种十分狡猾的病毒就这样毫不客气地把细菌当成了自家的孵化器和育婴室。繁殖成功后,新一代噬菌体就会破坏细菌的细胞壁,就此一哄而散,再开始新的生命周期。一想到致病细菌在人体内各种为非作歹的行径,再想到它们也有噬菌体这种天敌,实在是大快人心。

　　汉密尔顿的实验设计是这样的:首先使一些流感嗜血杆菌带上放射性同位素磷,然后用噬菌体感染这些杆菌。感染后新繁殖出来的噬菌体就会带有放射性同位素磷。接下来,再用这些带有放射性的新病毒感染另一批正常的流感嗜血杆菌。如果实验成功，在这批正常的流感嗜血杆菌中就应该能检测到放射性。

可是，他们没有在第二批受病毒侵染的杆菌中检测到放射性。没有放射性？实验失败了？问题出在哪里呢？是操作步骤有误？没有，复核之后确定操作无误。那到底是哪个环节出问题了呢？

这时，几天之前汉密尔顿向威尔科特斯推荐过的一篇文章给他们带来了提示。文章的作者在大肠杆菌中发现了能切割DNA的酶。

> ◆**最先发现限制性内切酶的阿尔伯**
>
> 在史密斯的这项实验开始之前，瑞士微生物学家沃纳·阿尔伯（1929—）已经通过他的一系列实验研究证明，就像人类的身体有免疫系统一样，细菌也有自己的防御机制。它并不像表面看上去的那样城门洞开，毫无抵抗力。对待暗藏杀机的入侵者，细菌也悄悄地埋伏好了自己的安保力量，这就是它专门对付外源性DNA的粉碎机——限制性内切酶。这些蛋白质专门针对噬菌体的特定序列的核苷酸进行分解。
>
> 但阿尔伯等人发现的内切酶，切割点不太固定。这种内切酶有点像拙劣的炮手，炮口虽然瞄准了山顶的敌军岗楼，炮弹却落在了山脚的村庄里。它在DNA上的切割偏差可以有数千个碱基那么远，远不是一个指哪打哪的好枪手。所以，这种内切酶只是揭示了细菌自身的一种防御机制，但对分子生物学家来说，并不是得心应手的工具。

这篇文章使得威尔科特斯想到，他们的实验失败，可能是因为流感嗜血杆菌也有某种限制性内切酶。史密斯听到这个想法之后，设计了一个简单而巧妙的检验性实验。

他将噬菌体的DNA和流感嗜血杆菌的DNA分别放在两个试管里，然后给两个试管里都加入细菌内部的蛋白质混合物。如果细菌确实产生了限制性内切酶，混合物中的酶就会把病毒的DNA切成碎片。

怎样检测DNA有没有被切碎呢？史密斯没有用测序仪，而是用了更简单、直观的办法——用黏度计测黏度。DNA链越长黏度就越高，越短黏度就越低。果然，含有噬菌体DNA的试管里混合物的黏度很快出现了下降。看来，细菌里面确实有某种能分解噬菌体DNA中的酶。暗中破坏实验的凶手就在这个试管里！这是实验过程中最令人兴奋的一刻！突破性的发现就这样到来了。

不过，知道细菌里面有内切酶到最后找到这个内切酶，这中间还有很多艰苦的工作要做。在经过长达好几个月的反复分离、提纯之后，汉密尔顿和威尔科特斯终于发现了一种全新的限制性内切酶。它可以非常精准地切割外源性DNA，这是一种庖丁解牛式的精准剪切。而且，他们还发现了甲基化酶。限制性内切酶之所以不会切断细菌自家的DNA，全靠甲基化酶的修饰作用，它用碳原子和氢原子把自己的DNA保护起来，相当于贴上了"自己人，别开枪"的标签和暗号，用于识别敌我，以免杀敌一万、自损八千。

汉密尔顿和威尔科特斯发现的这种新型限制性内切酶，很快就成了分子生物学家手中的利器，有了这把极其灵敏精准的分子小剪刀，就可以在很大程度上随心所欲地对DNA进行裁剪和研究了。分子生物学家开始了在基因水平上重塑生命的第一步。早在1967年，科学家就已经发现了另一种特别重要的酶——DNA连接酶。连接酶和内切酶组成了一套完美的DNA搭档工具，分子生物学家终于可以进行基因的剪切和粘贴了。这成为后来基因工程最重要的两项先导性发现。此后，科学家陆续开发出能生产基因重组的人胰岛素、人生长激素、人干扰素等一系列生物药剂的大肠杆菌和酵母菌。糖尿病人从此再也无须依赖从牛胰脏里提取的既昂贵、又容易引起过敏反应的牛胰岛素，这都是基因工程结出的累累硕果。而这一切，也都要归功于汉密尔顿等人的实验研究，尤其是这个著名的失败实验。

不懂量子力学也能造出蓝光二极管

　　19世纪40年代末，英国物理学家、化学家、发明家约瑟夫·斯旺（1828—1914）开始研究电灯，并尝试用碳丝做灯丝；但当时给灯泡抽真空的设备还很落后，导致灯丝只有一两个小时的寿命，还不具有实用价值。1878年，真空泵问世，斯旺终于成功研制出以碳化纤维做灯丝的白炽灯，并于1880年在英国申请了发明专利权。

　　1879年，美国发明家托马斯·爱迪生（1847—1931）也开始研究电灯，经过不懈努力，他发明了以碳化纤维做灯丝的白炽灯，并在美国获得专利权。爱迪生特别擅长利用专利权追求商业利益，应当算得上是人类历史上最具商业头脑的发明家。斯旺和爱迪生这两位发明家一度处于极为激烈的竞争之中，最后双方总算达成协议，合资设立公司，在英国生产白炽灯。

　　这是人类照明史上的一次革命。点亮的白炽灯灯丝温度可达到2000℃以上。炽热的灯丝产生了光辐射，使电灯发出明亮的光芒。从此，人们再也不用担心油灯、煤气灯之类依靠燃烧发光照明的灯具会引发火灾的危险。白炽灯方便、安全，诞生之后很快就随着电力

图5-7　托马斯·爱迪生

系统一起普及到千家万户。

但是，人们改进照明灯具的努力却从未停止过。20世纪，人们主要从灯丝材料、灯丝结构、充填气体这三个方面不断地对其加以改进，白炽灯的发光效率和工作寿命也相应提高。但效率低一直是白炽灯的主要缺点。现在的钨丝白炽灯所消耗的电能中最多只有约13%可以转化为光能，而其余部分都以热能的形式散失了。至于照明时间，由于高温会导致灯泡中的钨丝逐渐挥发，现代白炽灯泡的使用寿命通常不超过1000小时。而且，开关灯时产生的瞬时电流还会使其寿命缩短2%至8%。

白炽灯问世之后，人们不断改进技术，又发明了新型的白炽灯——卤素灯，后来还发明了更节能、效率更高的荧光灯、节能灯。人们改进电灯的努力从未止步。

20世纪中叶，随着半导体学的兴起，人们意识到用来制造晶体管的PN结也可以用来做成发光器件。20世纪60年代后期，人们已经能够批量生产出从红光到绿光的不同波长的发光二极管（LED），但一直没有研制成能发出波长更短的蓝光和紫光的LED。由于不能发出同时包含红、绿、蓝这三原色的光，就无法合成日常照明最常用的白光，所以，在当时，LED灯的应用范围十分有限，根本无法替代白炽灯。因此，能否研制成蓝光LED，就成了LED灯能否取代白炽灯成为日用照明灯具的关键所在。美国、日本和欧洲的数个企业和大学的顶尖实验室都朝着这个方向在努力。

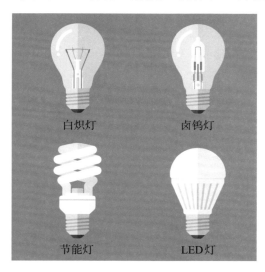

白炽灯　　　　卤钨灯

节能灯　　　　LED灯

图5-8　照明灯具的发展

图5-9　LED灯

1974年,日本松下研究所的赤崎勇(1929—)开始研究氮化镓这种看起来有望制成蓝光LED的半导体材料。1981年,赤崎勇开始担任名古屋大学的教授,并与他的学生天野浩(1960—)等人一起继续研究氮化镓。直到1986年,他们用金属有机气相外延(MOVPE)技术获得了晶体质量高、光学特性好的氮化镓。这一重大突破完全是靠长期的实验和观察的积累获得的。2015年,天野浩在北京大学做报告时说,为了得到这个晶体,他连续做了1500次实验。

1979年,从日本德岛大学获得硕士学位的中村修二加入日本一家不太有名的小型化学公司——日亚化学公司。这家公司起初生产链霉素,而后转为生产荧光灯和电视机显像管的荧光体。这种发展路径的奇特转向却并不是因为公司换了老板,而是因为老板小川会长想要生产质量更优良的产品。而公司原来生产的优质高纯度链霉素常在市场上被当成是低纯度的劣质产品,令小川会长特别恼火。日亚化学公司虽小,但在日本的荧光体市场却是独占鳌头。中村修二加入公司时,恰逢公司决定研发半导体和发光二极管初期。

一入职,中村修二就应公司的要求开始研发磷化镓这种黄绿色的半导体结晶材料。中村修二在大学时代从事过有关半导体的研究项目,但完全没有学过与半导体有关的量子力学,而现代半导体工业中量子力学已被看作必不可少的基础知识。中村修二自认为是一个完全没有常识的人,他认为不靠量子力学的语言,靠实验、靠着对实验结果的深入思考,也可以理解半导体,实验就是他理解事物的工具。

因为公司小,研发预算特别少,虽然中村修二做实验所需的材料可以通过公司来采购,但实验设备就十分欠缺了。制作半导体所需的电炉,贵的买不起,买得起的又根本不合适,他只好在公司里像捡废品一样,东拼西凑零件组装。此外,制作磷化镓还要用透明石英管。制作时往管子的一端塞入镓,另一端塞入红磷,然后用燃烧嘴将石英管进行真空密封后放在电炉里高温加热。石英管也很贵,中村修二不能像资金充裕的实验室那样仅使用一次便扔掉,所以用完之后还要切断再镕接,尽量重复利用。

这些步骤说起来很简单,可操作起来却是个特别麻烦的技术活。中村修二没有实验助手,他也不喜欢假手于人,所以从摆砖、镕接不锈钢、切断石英到调配电路、玻璃工艺,样样亲力亲为。高温之下的这些操作,让中村修二像炼钢厂高炉前的工人一样,每天都是大汗淋漓。这种技术工人一样的苦活,中村修二整整干了五六年。

磨砺中村修二的不单单是辛苦,还有危险。他亲手镕接的石英管,有时会有裂缝。管子里装好镓和红磷之后,在真空加热过程中,会有空气从裂缝进入。里面的红磷是个"烈性子",在高温之下接触到空气立刻爆炸。爆炸发出的巨响在百米开外都能听到,红磷爆炸后产生的白烟使整个实验室都变得白茫茫一片。若躲闪不及,炸碎的石英玻璃会扎进皮肤甚至眼睛。这种可怕的爆炸每个月都要在中村修二的实验室里发生两三次,这已经成了他的日常。起初,听到爆炸时,大家都会惊恐万分地跑过来看看中村修二是不是还活着,到了后来,爆炸声已经不能引起大家的注意。频繁发生的爆炸还使中村修二练出了一项奇特的本领,在每次爆炸发生之前,他都会有预感,及时躲到屏障后,所以他奇迹般地从未受伤,只是搞得自己满头白粉。不过,因为爆炸事故频发,中村修二还被迫向公司写过检讨书。

就这样,前后一共耗费了十年的时间,中村修二靠着一己之力,在研究经费少得可怜的情况下,成功开发出磷化镓多晶体、氮化镓多晶体和单晶体、氮化铝镓外延晶片这三种半导体材料。遗憾的是,技术上成功的产品,在市场上并未取得成功。因为其他著名大公司已经开发出与之相竞争的产品,没有名气的日亚化学公司生产的这些半导体产品,虽然质量并不差,却无法产生同样的市场号召力。自己苦心研究出来的产品即使质量毫不逊色也卖不出去,这让中村修二印象特别深刻。

但这十年使中村修二有了独特的宝贵收获。他练成了不依赖于现成设备,自己动手设计、制作和改造实验设备的能力,能够敏锐地发现设备存在的问题并且自己解决它。这种能力对于研发前所未有的新产品来说实在是太重要了。

1989 年,中村修二开始投身于蓝色发光二极管的研发工作。他在自传中回顾这段孤立无援的经历时谈到,氮化镓的固有缺陷就是极难形成结晶,所以这是一种不被大家看好的材料。世界上多数企业和大学的研究人员选择的材料都是硒化锌,而中村修二从一开始就决定不走寻常路,选择了氮化镓。这样选择的理由主要是如果步人后尘,追随那些一流研究机构开发硒化锌,即使研究成功,他们这种小公司的产品也不会被市场接受。只有另辟蹊径,放手一搏,才有出奇制胜的希望。

结果,他在开发过程中不断碰壁,几乎走入了死胡同。他在实验室里花了一年多的时间,不断地改造实验设备和反复实验,却始终无法形成纯净的氮化镓结晶薄膜。

中村修二经过仔细分析,意识到自己反复失败的原因就在于作为结晶基板的蓝宝石在与气体发生反应时,温度高达1000℃,基板上因高温形成的热对流使得反应气体因热量蒸腾而无法结晶。长时间的实验失败使得中村修二陷入苦思冥想之中。最后,他终于迎来了灵光乍现的一刻:用另外一种气体从上面吹下来,压制住基板上的热对流。1991年8月,凭借着多年亲自动手制作和改造实验设备形成的深厚功底,他按照新的思路反复改造和调试实验设备,用他自己设计和命名的双气流金属有机化学气相沉积设备(Two Flow MOCVD)制成了结晶表面电子运行速度世界第一的氮化镓薄膜。

中村修二在实验中获得的重大突破还远不止于此。把P型半导体和N型半导体结合到一起即形成PN结,用氮化镓制作N型半导体的技术比较容易,但P型半导体却很难制成。20世纪80年代末,赤崎勇和天野浩的研究团队已经发现,一边给氮化镓结晶添加镁,一边进行低能的电子辐照,可以改善P型半导体的氮化镓的结晶效果。中村修二也尝试了这个办法,发现有两个缺点,一是费时,二是无法在晶体内部形成均一的P型半导体。他继续通过实验进行独立探索,并且在这个过程中有意识地避免了文献研究工作,以免被前人的研究束缚住自己的思路。

他在实验中发现,电子辐照可以使氮化镓的结晶表面达到600℃的高温。因此,他想,电子辐照太费时,那么用加热器加热是否会取得同样的效果呢? 他试着将温度加热到800℃,成功地得到了高品质的P型氮化镓。这是以前从未有人做出过的实验成果。这意味着可以在很短的时间内,大批量地生产出高品质的P型半导体。这是蓝光LED实现量产、迈向实用化阶段的一个关键性技术突破。

经过四年的反复实验研究之后,1993年底,中村修二终于成功地造出了蓝光LED并推向市场。1995年,他造出了绿光LED。

经过各国研究人员持续的改进,在2013至2014年间,世界上批量生产的LED灯具的发光效率有了大幅提高,已经远远超过了荧光灯的照明效率。2014

年,赤崎勇、天野浩和中村修二共同荣获当年的诺贝尔物理学奖。2015年,赤崎勇、中村修二等五位LED行业的先驱共同荣获了美国国家工程科学院最高奖——查理·斯达克·德雷珀奖,这个奖素有"工程诺贝尔奖"之美誉。

> **◆PN结与发光二极管**
>
> 采用不同的掺杂工艺,通过扩散作用,将P型半导体(具有电子空穴、像带正电的粒子一样导电的半导体)与N型半导体(以电子导电为主的半导体)制作在同一块半导体(通常是硅或锗)基片上,在它们的交界面形成的空间电荷区就称为PN结。PN结具有单向导电性。P型半导体与N型半导体接触后融合而成的接合半导体就是二极管。
>
> 当给发光二极管加上正向电压后,从P区注入N区的空穴和由N区注入P区的电子,在PN结附近数微米内复合,产生自发辐射的荧光。这就是所谓"电致发光",电能可以直接转化为光,而无须像白炽灯那样先转化为热、再转化为光。这是发光二极管在理论上比白炽灯更高效的原因。

体细胞克隆猴——医学研究的好帮手

研究人类的疾病和开发药物,实验小鼠功不可没。可是,为什么要拿小鼠作研究对象呢?它能被选中的理由可真有一箩筐。首先,在8000万年前,人类与小鼠有共同的祖先——对,就是各种恐龙在海陆空横行无忌、独霸天下的那个时代,我们的祖先大约只有老鼠那么大,被各式各样的巨无霸恐龙吓得只能躲在地洞里瑟瑟发抖。所以,直到今天,我们和小鼠体内能编码蛋白质的基因大约有85%是相同的。虽然,有这样一门啮齿类亲戚并不能让人觉得门楣生辉，但是需要有谁替我们上刀山、下火海、尝百草时，它们大显身手的时刻就到了。其次，小鼠价钱低廉，体型小、占空间少，好饲养、易繁殖，生命周期短，便于进行各种遗传改造并获得纯系小鼠。所以，我们把大自然创造的小鼠进行了一百多年的人工培育和改造之后，变成了实验研究中使用量最大、研究最详尽的哺乳类实验动物。

那么，小鼠就是最完美的实验动物了？很遗憾，不是，至少不总是。比方说，我们想研究比较复杂的人类智力、行为和情感问题，精神疾病、药物的毒理及代谢问题，小鼠作为实验动物就不那么合适了。在人用药物研发史上，不少药物都是对小鼠有效、看上去充满希望，结果对人体无效或者有副作用，纷纷在人体试验阶段折戟沉沙。

既然小鼠不理想，那么还有更理想的选择么？有倒是有，比方说和我们亲缘关系更近的非人灵长类。非人灵长类的智力水平、生理构造与人更接近，从这点来讲无疑算得上更理想的实验动物。黑猩猩、大猩猩、红毛大猩猩与人类基因组的相似度分别达到99%、98%、97%；猕猴与人类的亲缘关系相对较远，基因组相似度为93%。但是，人类的一些易患疾病却更容易发生在猕猴身上，而不是黑猩猩身上。所以选择猕猴作为研究对象，对于人类疾病的研究，意义更加重大。但灵长类实验动物的缺点也很明显：一是贵；二是生长繁育周期长、繁殖率低，进行培养和改造要困难得多。

2009年，中国科学院神经科学研究所所长蒲慕明（1948—）组建了脑疾病研究中心，建设了非人灵

图5-10　小鼠

长类平台,建设这个平台就是因为猕猴能比小鼠更好地满足研究需要。但是,这个宏伟计划对于当时科研经费还不是很充裕的研究所来说,实在是有些超前了。

图 5-11　猕猴

蒲慕明找到孙强(1973—),希望他能做出经过基因编辑的猕猴。人家小鼠之所以雄踞实验动物界大半壁江山,绝非浪得虚名。纯系小鼠经过相当于20代全同胞兄弟姐妹单线连续繁殖,小鼠各条染色体上的基因趋于纯合,品系内个体差异趋于零。通过这种培育手段可以获得实验所需的特定品系,比方说患有糖尿病、高血压或特定肿瘤的模式小鼠。要做猕猴的基因编辑,就是想利用基因工程这种最新的技术,省去多代繁育和选择猕猴的漫长时间和高昂成本,一步到位,直接批量生产出所需的模型猕猴。毕竟猕猴的繁殖速度和小鼠相比慢得多,不得不想办法走捷径。这个想法好是好,就是难度太大、希望太小。孙强虽然接了"军令状",但心里却直敲小鼓。没条件,也只能硬着头皮、硬凑条件往上冲了。带着老手不多、新手不少的新队伍,他们启程了。

◆ **基因编辑**

基因编辑是指对目标基因进行"编辑",实现对特定DNA片段的敲除、加入等操作的一种技术手段。从1979年至今,基因编辑的操作技术不断更新,现在已经发展到第三代——规律成簇间隔短回文重复(CRISPR-Cas9)。

CRISPR技术是目前最新也最通用的基因编辑技术,其成本低廉,简单易用;而且,中国科学家的最新研究表明,在几种编辑技术中,其脱靶率最低,最为安全可靠。

非人灵长类平台一成立,就开展了建立孤独症模型猴的课题研究。神经研究所的仇子龙研究组和孙强的非人灵长类平台通过使用慢病毒载体侵染带入外源基因的方法,成功建立了在神经系统中特异性过表达人类MeCP2基因的转基因猴模型。通过分子生物学和生物化学方法的鉴定,研究人员确定这个与孤独症直接相关的基因有效地插入了食蟹猴的基因组之中,并且能够只在神经系统中进行表达。然后,又利用这种转基因猴繁育出遗传到了这个基因过表达特性的子代猴。这项研究耗时五年半,成了神经所耗时最久、参与人数最多的课题。这个培育转基因猕猴的课题使得孙强的研究队伍在磨砺中迅速成长起来。

2012年,转基因猴的研究还在半途之中,蒲慕明又决定开展猕猴的体细胞克隆研究,以便建立真正能用于脑疾病和相关药物研究的动物模型。既然基因编辑可以获得模式猴,为什么还要自讨苦吃,做费力不讨好的克隆猴?原因就在于基因编辑使用的原稿——若干只猴子之间的遗传背景彼此不同。此外,它们之间基因编辑之后的效果也不一样,就拿生物节律紊乱相关基因的敲除实验来说,几只猴子出现的症状的严重程度是不一样的。如果把经过基因编辑的一只猴子作为底稿,用体外克隆技术进行批量繁育,就像用复印机复印一样,遗传背景高度一致,基因编辑的效果也完全相同,就如同纯系小鼠一样,在实验中可以有非常好的代表性和参照性。

可是,体外克隆猴说起来容易,做起来难。这是在国际上从来没有成功过的一个研究领域。

1996年,克隆羊多莉问世。多莉羊出生时,全世界都震惊了。反对克隆的声浪此起彼伏,一副山雨欲来风满楼的架势。不过,大家都想多了。从克隆羊多莉出生到现在的二十多年间,人们先后完成了牛、猪、马、犬等20多种哺乳动物的成功克隆。但是,克隆非人灵长类从未成功过。

图5-12 多莉羊

严格说来,克隆猴的技术和克隆羊并无差别,使用的都是体细胞核移植技术。既然克隆羊来了,克隆猴还会远吗?没想到,不仅远,而且很远。这两种动物的克隆技术中间隔了若干道难以突破的技术屏障。

国际上针对非人灵长类动物的克隆研究始于2002年。到了2003年,英国剑桥大学、美国麻省理工学院等名校的数名顶尖专家就在《科学》杂志上发表评论,给克隆猴技术"判了死刑"——大自然已经对克隆非人灵长类设置了障碍,非人灵长类的卵细胞有着极为独特的生化特性,凭现有技术是无法克隆的。此后的克隆猴实验,也确实没有成功的报道。

其中最接近成功的一次是在2010年，美国科学家、克隆猴领域的顶尖专家沙乌科莱特·米塔利波夫，一共用了15000颗猴卵来尝试克隆猴，最终以失败告终。15000颗卵中活得最久的克隆胚胎，在母体内发育81天后流产。这是一次空前昂贵的实验，因为猴子发育过程长、排卵量稀少，和鼠、兔这样繁殖特别快的实验动物以及猪、牛、羊这些大规模饲养的动物不同，单颗猴卵的成本很高。这次失败给克隆猴的技术前景蒙上了厚厚的阴云。

就在这种背景之下，孙强带着他那经费不足、人手不足、经验不足，刚刚成立3年的非人灵长类研究平台团队，在希望渺茫、工作条件十分艰苦的情况下开始了磕磕绊绊的克隆猴实验研究。这项研究一路做下来，真算得上是在生命科学里的青藏高原上不断挑战实验研究中的禁区。

人工生殖技术的研发，无论是试管婴儿、克隆羊还是克隆猴，都是同一个研究模式：长期、反复、大量地实验，在实验中摸索各种技术参数和操作手段，在实验中积累操作经验和技能。无论理论设计多么清晰，若没有足够的实验积累，都没法取得最后的成功。试管婴儿之父爱德华兹的实验过程长达二十余年，才最终有了第一名试管婴儿的诞生。克隆羊多莉诞生之前，也经历了277次胚胎培育失败。

从2012年开始，孙强和他带领的克隆猴团队经历了5年的尝试和反复失败。体细胞核移植的第一步，从卵母细胞中取核就是一个技术关卡：猴子的细胞不透明，要在偏振光下进行显微观察和操作，而且这种卵母细胞极度脆弱，去核和细胞核注入的过程都很容易造成损伤。要尽量避免损伤，就必须以最快速度完成操作。经过数年的苦练，操作人员刘真硬是从最初对克隆一窍不通的研究生变成了能用10秒完成卵细胞取核、15秒完成体细胞核注入的世界一流高手。这也是蓝光LED的发明人中村修二一直强调的，靠常年的反复动手操作，练就匠人的手艺和直觉，这是实验成功的必备条件。这种技能靠读文献、啃理论是得不来的，唯有拼意志、拼耐心、拼体力才有可能达到这种境界。

猕猴卵细胞的取核和体细胞核注入成功了，这只是迈出了万里长征的第一步。又一个技术难关出现了：猴克隆体胚胎的囊胚发育率很低，在优化了胚胎激活条件之后，发育率虽有所提高，但优质囊胚率还是为0。这时，孙强的研究团队借鉴了他山之石。

2014年，哈佛大学教授张毅发现很多动物克隆效率低下，和一种叫做"DNA甲基化"的现象密切相关，只要适当削弱"DNA甲基化"，就能让克隆的效率大大提高。孙强发现，用这种方法处理猕猴克隆胚胎之后，囊胚率上升到45%，优质胚胎率升高到29%。离成功越来越近了。

2017年8月，孙强等人用成年猕猴体细胞（卵丘细胞）克隆的两只婴猴在出生3小时和30小时后先后夭折。功败垂成，给他们的打击非常之大。后来的解剖证明，肺部发育不良导致呼吸困难，是这两只婴猴死亡的原因。

屡败屡战。他们用一个流产猴胚胎的成纤维细胞进行的克隆最终取得了成功：用了127枚卵母细胞，做了109个重构胚胎，对21只待孕母猴进行移植，6只母猴成功怀孕。2017年11月、12月，2只婴猴先后顺利出生。用6只待孕母猴的数量与2只存活个体的数量比较，该技术的成功率约为30%。非人灵长类自然繁殖的成功率为5%左右，从这个角度看，孙强的研究团队实现了很大的突破。

这两只被起名为"中中"和"华华"的小猕猴出生后，举世瞩目，非人灵长类克隆的技术屏障终于被突破了。这次，中国的科学家在竞争白热化的生命科学领域取得了领先。但是，蒲慕明很清楚，这个领先优势只能保持一年左右，国外的同行们很快就会迎头赶上。

而且，做出克隆猴并不是建设这个技术平台的终极目的，"中中"和"华华"的出生，只是证明了这个研究团队有能力做出体细胞克隆猴。批量化地克隆出适合研究需要的模型猴才是建设这个平台的意义之所在。所以，孙强和他的队伍丝毫不敢懈怠，下一项自我挑战又在运筹帷幄中开始了。

图 5-13 克隆猴"中中"和"华华"

早在 2015 年底,孙强的科研团队就与神经所内的张洪钧利用最新的基因编辑技术——CRISPR Cas9 技术,敲除了几只猕猴胚胎内控制生物节律的核心基因 BMAL1,于 2016 年 6 月繁育出一批 BMAL1 缺失的猕猴。等到这批经过基因敲除处理的小猴断奶之后,团队就开始对它们进行精细的行为观察、测量和化验分析。结果发现,这些猕猴不仅出现怕人、焦虑、失眠等精神和行为上的病态症状,而且其血液中与压力相关的皮质醇水平,与炎症、睡眠障碍、抑郁等相关的基因表达水平也显著升高。这证明这次基因敲除的操作取得了成功。但这批猕猴还不能当作理想的模式生物用于相关的疾病研究,因为它们之间不光遗传背景不一样,还属于"嵌合体",也就是体内不同细胞的基因型有差异,所以它们表现出上述症状的严重程度并不一致,还没有达到均一化的程度,因此不能算是理想的动物模型。

所以,这支团队采集了一只睡眠紊乱症状最明显的 BMAL1 敲除猕猴的体细胞作为蓝本,试图通过此前掌握的体细胞克隆技术,做出基因敲除猴的克隆版本。虽然有 2 只克隆猴顺利诞生在先,却并不能保证这次的克隆一帆风顺。

因为上次使用的虽然是体细胞,但却是流产的胚胎猴的体细胞,细胞特别年轻而富于活力;最终用127个卵母细胞,培育出2只猴子。这次用的是已近2岁的猴子的体细胞,细胞质量和活力当然会逊于胚胎猴的体细胞。成功率如何,谁都没有把握。令孙强等人喜出望外的是,这一次的克隆成功率大体与上次相当,最终在2018年下半年,先后成功降生了5只克隆猴。经过检验分析,这5只克隆猴的遗传背景完全一致,达到实验的预期设计要求。

2019年1月,这一实验成果公开发表并向大众媒体进行了披露。同时,中国科学院药物研究所也和神经研究所正式签订合作协议,准备以克隆猴作为模式生物,进行药物开发研究。一些大型跨国制药公司也准备借助这一研究成果和研究平台展开相应的开发合作项目。十年磨一剑,孙强团队和他们的合作伙伴终于培养出第一批可用于实验研究的模型猴! 对一个研究机构和研究团队来说,这个研究周期实在是太漫长了。尤其对于年轻的研究人员来说,这十年是一场职业生涯的巨大冒险,项目一旦失败,个人的努力和大好时光将付诸东流。而项目能否成功,没有人能担保。外界的质疑和担忧也从未中断过。

所以,要孕育出高水平的原创性研究,允许冒险、允许失败是一个必要前提。科学研究和技术发明都是探索未知的事业,都不能保证有百分百的成功率。投入大笔的科研经费,也不一定能见到期待的成果和回报。允许科研人员在相当长的时间里不见成果、反复失败,科研人员才能有勇气、有信心从事扎实而艰苦的研究工作。否则,就只能靠短平快的策略,早出成果、多出成果,但"碎肉屑"和"薄片香肠"式的成果对于增强科技竞争力并无实际意义,只是自欺欺人而已。

图5-14 5只生物节律紊乱体细胞克隆猴

歪打正着赢得的诺贝尔奖

对每个人来说，失误终归是在所难免，实验失误也是实验的一部分。但失误之后的结局如何，那可能就要看运气了。实验室里的幸运儿，失误之后可能不仅没酿成什么严重后果，甚至还能扭转乾坤，做出意外成果乃至拿个诺贝尔奖。日本的公司职员田中耕一（1959—）就是这样一位幸运得让多少科学界泰斗都羡慕不已的研究人员。

2002年，诺贝尔化学奖由四位研究人员共同获得，他们获奖的成就是"对生物大分子进行识别和结构分析的方法"。四人当中有一位是日本人，名叫田中耕一。消息一传到日本国内，立刻引起了巨大的轰动。因获得诺贝尔奖引起举国瞩目，本在情理之中，但更轰动的是日本国内学术界、教育界、新闻界几乎没有人知道这位新晋诺贝尔奖得主的任何资料。

图5-15　田中耕一

日本记者掘地三尺，总算挖到了田中耕一工作的公司——岛津制作所，然后一窝蜂地冲到这家历史不短但规模也不算大的公司。在摄像机和麦克风的重重包围之下，接受采访的主角田中耕一既紧张又尴尬，举手投足之间看起来实在是平凡得无以复加。田中的同事们、亲人们，乃至他本人，做梦都不曾想过他会与诺贝尔奖这种科学界殿堂级的奖项扯上任何关系。

日本的教育部门每年都会列出一个名单，预测本国那些颇有希望入围的诺贝尔奖候选人。可是，田中耕一根本不在这个名单之中。那么，这样一个与学术界没有任何交集的公司职员，是怎样取得傲人成就的呢？这还得从田中耕一的研究和他实验中的一次失误说起。

田中耕一是一个从小就喜欢电子技术，经常自己组装收音机的工科男生。上大学时，田中耕一考入日本很有名气的东北大学，主修他喜欢的电气工程。读书时，田中耕一也非常喜欢动手做实验。然而，德语不及格的田中耕一不幸留了一次级，无奈之下，很有钻研热情的田中也就断了攻读硕士、博士学位的念想。

1983 年，田中耕一大学毕业时，很想去日本一流的大公司当研发人员，结果第一轮考试就被淘汰。以他留过级的学业记录，这倒也不算意外。所以，田中耕一来到了生产科学测试仪器的岛津制作所。这家成立于 1875 年的公司，只在专业人士的小圈子里有点名气，在日本算不上什么知名的大企业。

其实，田中耕一在长大成人之后才被家人告知，抚养他长大的并不是他的亲生父母，而是他的叔叔婶婶。他刚出生一个月，生母就因病去世了。所以，学电气工程的他很想从事医疗仪器的研发工作。然而，公司却安排他负责开发分析测试仪器，跟他的预期完全相左。而且，田中耕一最多只有高中水平的化学基础。这家公司的用人策略真有点赶鸭子上架的风格。

但是，年轻的田中耕一还是抱着很大的热忱投入了研发工作。他所在的小组起初的研发目标是改进和完善一种可以探测半导体金属表面结构的精密激光仪，但他们发现德国人已经遥遥领先，想在市场上分一杯羹已然无望，所以决定把这种激光仪换个用场，改做生物类分子的质谱分析。

从 1984 年开始，根据小组的新目标和新分工，田中耕一负责研究上游的生化样品制备和离子化方法，另外几人则分别负责质荷比分析器、离子监测器以及质谱数据系统。

这时的质谱分析仪器用于分析分子量较小的有机分子化合物,已经是驾轻就熟,但对分析蛋白质之类的生物大分子,还是一筹莫展。因为要把这么大、这么娇气的生物大分子先离子化、再转化成气相,这么一通折腾,早就破坏了分子原有的结构,分子本身也碎成了小片。所以,生物化学界早就断定这是一条完全没有希望的死胡同。

田中耕一和他的研究小组误打误撞地选定了这个看上去注定不会成功的研究目标,结果却成功了。如果他们有足够的知识储备的话,这个新发明可能就永远没有机会诞生了。所以,有时候无知无畏反倒是一种勇气和优势。

◆ 无知无畏的哥伦布

15世纪末期,哥伦布努力游说葡萄牙王室赞助他从欧洲出发向西驶往印度的冒险计划,经验丰富的葡萄牙地图绘图师们指出,向西航行如果能抵达印度的话,其距离也远远大于哥伦布所估计的航程,所以这个提议是不可行的。最后,被葡萄牙拒绝的哥伦布获得了西班牙王室的赞助。

如果我们对世界的了解和认知变成了捆住我们手脚的枷锁和禁锢头脑的牢笼,还不如带着无知无畏的勇气出发,或许能得到意外的收获。

田中耕一要做的工作是找到一种理想的介质,它能把激光的光能高效地转化为热能并传递到含有大分子的溶液里。当时岛津公司的实验室里可供筛选的介质就有几百种之多,而到底存不存在这种他们苦苦搜寻的理想介质,谁也不知道。田中耕一就拿出愚公移山的劲头,一种又一种试剂挨个筛选。经过长时间的反复实验操作,按照田中自己的说法,"我当时感觉自己简直就与介质和质谱仪融为一体了",可是实验结果却仍旧是一无所获。

这时,研究组的同事建议田中耕一试用超细金属粉末(一般选用钴粉),将之与有机分子样品混合。田中耕一用激光照射这种混合物之后瞬时升温效果非常好,能检测的有机高分子量从1000道尔顿提高到了2000道尔顿,同时峰间分辨率也有了全面提高,新的实验结果十分喜人。但把这种介质用于分子量上万的生物高分子的离子化仍然没有什么新的起色。

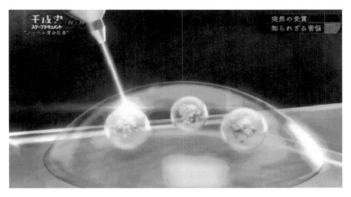

图5-16　用激光照射溶液中的有机物高分子示意图

田中耕一又拿出他的愚公精神,反复尝试不同的有机溶剂,并通过反复调整有机溶剂的浓度来悬浮超细金属粉末,希望能碰到合适的溶剂。1985年2月,田中耕一在实验时想用丙酮来悬浮待检测的钴胺素(维生素B12)和超细金属粉末的混合物,结果一时疏忽把甘油当成溶剂倒进去了。一倒进去,田中耕一马上就意识到了自己的失误。田中耕一从小就被奶奶耳提面命"不可浪费",所以,他着实心疼这些昂贵的钴粉,真是舍不得当成废液倒掉。于是他决心设法挽救这一样品和这次实验。由于质谱实验是在真空中进行的,加进去的甘油过一会儿就会挥发掉,然后再加入丙酮就能正常地完成这个实验。田中不愿干等着甘油挥发,就用激光照射来加快挥发速度,同时还目不转睛地盯着显示屏上的质谱,只要能看到分子量是92的甘油分子离子峰消失,那么宝贵的钴粉就得救了。

这时的田中耕一突然发现:一个意想不到的分子离子峰在质谱上出现,其分子量接近完整的钴胺素分子(1315道尔顿)。这种分子虽然分子量并不特别

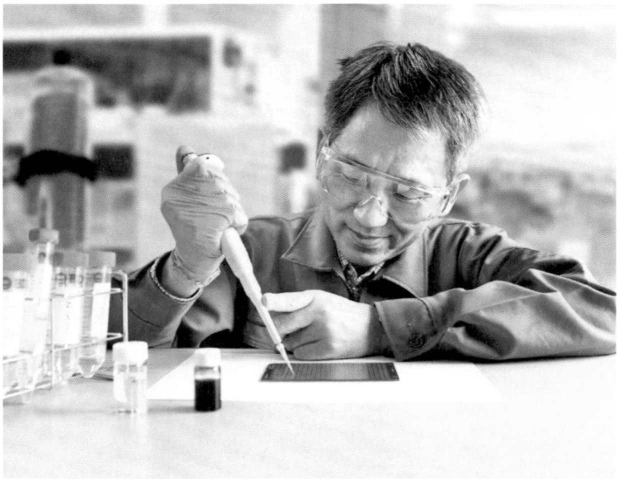

图5-17 认真研究中的田中耕一

大,但由于能够高效吸收激光的能量,特别容易裂解成碎片。此前,田中耕一从未能够在质谱检测中见过近乎完整的钴胺素分子!没想到,这次因为一时迷糊,误放了甘油,竟产生了如此神奇的效果!真是一跤跌到青云里。等到甘油挥发完毕后,钴胺素的特征峰又消失了!如果田中耕一在实验进行过程中一边跑去和别人聊天或者忙些别的事情,等甘油挥发完毕再来看结果,那就会是完全不同的另一个结局了。

好运气暂时只能帮忙到这里,剩下的艰苦工作还是要靠田中耕一和他的同事们一点点完成。田中耕一靠着惊人的耐心和韧性,以钴粉加甘油的新配方为基础,不断调整各种实验参数,在1985年下半年成功检测到了分子量在30000道尔顿以上的蛋白质大分子。1987年,仍旧沉迷于实验的田中耕一又检测到了分子量超过100000道尔顿的生物大分子。至此,田中耕一和他的研发小组已算大功告成。

1985年,田中耕一所在的岛津制作所为这项技术提出了专利申请。1987年,田中耕一和他的小组开发的激光质谱仪产品上市。1987年5月,田中耕一小组全体五位成员在日本的质谱学会年会上公布了他们的研究结果。但是，日本学界相关人员对此的反应大多是表示怀疑，并未产生很大的反响。同年9月，中日质谱学研讨会在日本召开，一位参会的美国教授罗伯特·科特在会上断言，激光去吸附离子化质谱仪的大分子检测能力不如电浆去吸附质谱仪。参会的田中耕一于是向科特教授介绍了自己的激光质谱分析实验并展示了自己的实验结果。科特教授看过之后大加赞赏，在征得田中耕一同意之后，火速把田中耕一的实验方法和实验结果传真给欧美几个重要的质谱实验室，田中耕一在日本一个水花都没激起来的工作在国际上开始为人所了解。真是墙内开花墙外看。

　　参加了这次会议的另一位日本学者很好心地提醒田中耕一，应该尽快用英语在国际刊物上发表自己的研究成果，以确定自己这项研究成果的优先权。德语曾经不及格的田中耕一对英语同样很打怵，勉为其难地写了一篇文章后，随便找了一份《质谱学快报》的英文杂志投了稿。结果，这家"快报"的反应果然很快，1988年2月，田中耕一的文章就获得了发表。又过了两个月，两位德国科学家也发表了他们独立研究的成果——以烟酸为介质的激光质谱分析方法。对学术界白热化的竞争一无所知的田中耕一，就这样在两位好心学者的提携和帮助之下，于懵懵懂懂之中确立了自己的领先地位，这成为他后来荣获诺贝尔奖必不可少的前提。否则的话，田中耕一的生物大分子分析方法可能又会和大泽映二的碳60理论一样，本国学者不认可、外国学者不知道，白白地被埋没。看来，上天也在眷顾那些低头耕耘、不问收获的奋斗者，尤其像田中耕一这样克勤克俭的奋斗者。

　　对荣获诺贝尔奖完全没有心理准备、备受震惊的田中耕一在领奖之后，立刻选择从公众视野中消失，重新过上埋首于实验之中的研究生涯。不过，这次不同的是公司不再把他当作一个无足轻重的无名小卒，而是为他专门设立了研究所。他带领着一支和他一样富有韧劲、执着而低调的研究团队向着新的研究目标发起了挑战。他们仍然在大分子分析和检测领域里苦苦追寻。漫长而艰苦的十七年过去了,这次田中耕一带来的成果是阿尔兹海默症的早期诊断技术。虽然至今人们都没有找到这种疾病的发病原因,但β-淀粉样蛋白毫无疑问在它的形成和进展过程中扮演了重要角色。2019年,田中耕一和他的团队在国际顶尖的《自然》科学杂志上发表了他们与澳大利亚团队联合研究的最新成果,他们不仅找到了从血液中将含量甚微的β-淀粉样蛋白提取成功的分析手段,而且还意外地发现了另一种未知的蛋白质。后续的研究进一步揭示,这种未知蛋白是更为灵敏的阿尔兹海默症的指示剂和预测物质。至此,田中耕一和他的团队开发出一项非常重要的临床诊断技术,只靠极少的血样和实验室化验就可以提前二三十年发现这种疾病的风险和先兆。

微信扫码

看科学实验小视频高效学习
添加学习助手获取服务

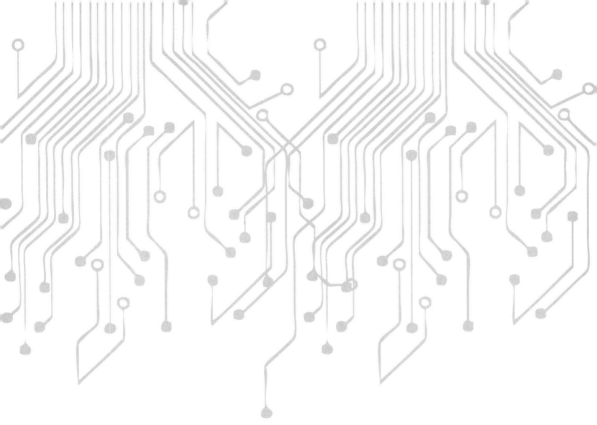

第6章

重大工程的先遣队

从科学发现到技术工程是一段充满挑战和意外的历程,既需要科学家和工程师在理论探索上的努力,也需要通过实验去验证科学原理、确定技术可行性和模型。所以,开创性的重大工程技术项目和开创性的科学理论一样,离不开实验环节的有力支撑。

第一个受控核反应堆实验——孵出原子弹

　　1905年,爱因斯坦在他发表的狭义相对论的论文里,给出了著名的质能公式,简洁而震撼地描述了质量与能量之间的数量转换关系。不过,这和爱因斯坦的大部分理论发现一样,当时的人们,包括爱因斯坦本人也看不出这个公式有什么实际的用场或惊天动地的威力。因为那时对原子是否存在,不少一流的物理学家如恩斯特·马赫(1938—1916)、亨利·彭加勒(1854—1912)都还抱着怀疑甚至否定的态度。倒是化学研究成了原子、分子、元素这些基本概念的摇篮,是化学家们最先提出了这些概念。至于原子核、核裂变这些概念,在当时的科学界还没有诞生。但当时人们已经知道α粒子、β粒子,对它们的本质也正在探索之中。所以,爱因斯坦的这个公式,就长期"养在深闺人未识"。

　　1934年,物理学家费米获悉居里夫妇用α粒子轰击铝,轰出了具有人工放射性的磷的同位素。但是,带正电的α粒子是非常低效的轰击粒子,需要用上百万个α粒子才能获得理想的人工放射性现象。费米那颗天才的脑袋马上想起了两年前英国物理学家查德威克发现的中子,拿不带电的中子当炮弹应该更好用吧?

　　费米因陋就简地从零设备的实验室做起,照着元素周期表的顺序,用中子对着各种元素一顿轰炸。结果喜获大丰收,他的实验室获得的具有人工放射性的物质种类远远超过了居里夫妇。从小就特别心灵手巧的理论物理学家费米头顶上又多了一块实验物理学家的招牌,从此以后,在理论物理学和实验物理学之间来回自由切换就成了费米的日常研究模式。

　　而且,这次中子大轰击系列实验还成就了费米作为"中子物理学之父"的地位,开创了中子物理学这个新领域。

费米在对着各种化学元素猛扔中子这种原子核世界的小炸弹时，取得了两个特别闪亮的成就。第一个成就是"超铀元素"。当时的 92 号元素铀就是化学元素周期表的终点站，费米想，若能把中子硬塞进铀的原子核，这个铀核再吐出一个电子，这就意味着 92 号元素又多了一个质子，不就华丽转身变成 93 号元素了吗？轰击之后，确实发现了几种放射β粒子的物质，费米很高兴。当时取得的样本量用来做化学元素分析也不是很充分，所以他们只做了比较简单的化学分析就宣布发现的新物质很可能就是超铀元素。后来，德国化学家哈恩的重复实验证明这是核裂变，并未产生超铀元素。不过，哈恩本人并没有理解自己实验结果的真正含义。直到麦克米伦做了他的核裂变实验，才发现了极少量的超铀元素镎。

费米的第二个成就是发现石蜡和水等含氢物质会使中子运动速度变慢，慢中子动作虽慢，战斗力却满格，比快中子能激发出更强的放射性。这个发现为后来建造原子弹和各种核反应堆打下了基础。

当时的诺贝尔奖委员会也还处于"青春期"，办事有点毛躁。费米的超铀元素在化学家眼里还是颇为可疑的，可是在费米的实验发表四年之后，诺贝尔奖委员会就把 1938 年的物理学奖颁给了费米。当年发这个物理学奖给费米的理由一共有两条，第二条就是慢中子的发现，这个发现也绝对对得起诺贝尔奖，这才让诺贝尔奖委员会保住了颜面。

费米闻讯之后非常干脆，赶紧重做实验，确认是自己弄错之后，直接认错。知耻而后勇，他还顺便构想出了原子核人工裂变过程中的链式反应理论。

实验和理论研究进展到这一步，该轮到爱因斯坦的质能公式闪亮登场了。原子核裂变时会发生一点点质量亏损。裂成两片的原子核亏损的质量也没有凭空消失，按照爱因斯坦的质能方程，它乘以光速的平方之后就变成了能量！巨大的能量！

因为费米的妻子是犹太人，他为了躲避墨索里尼政权的迫害，带着全家在瑞典领过诺贝尔奖之后就直接去了美国。美国哥伦比亚大学早就邀请费米前来任教,这次终于得偿所愿。费米到美国之后就向美国军方提议,考虑利用原子核裂变的链式反应原理制造杀伤力空前的新式武器,因为欧洲的核物理学家都非常担心希特勒会抢先研制出这种闻所未闻的可怕武器。但是这个理论实在太新颖,而且基本上还是纸上谈兵,超出了军方人士当时的理解力,因此没收到什么积极的回应。之后,著名物理学家爱因斯坦也认为有必要在德国之前抢先造出原子弹,因此向罗斯福总统提议研制原子弹。1941 年 12 月,日本偷袭珍珠港的前夜,罗斯福同意了这一提议。以研制原子弹为目的的曼哈顿工程正式启动。

　　费米的重要性立刻显现出来:中子物理学是他一手搞起来的,慢中子是他发现的,慢中子效应的理论解释也是他完成的,核裂变的实验是他率先做的(虽然他当时以为这是形成了超铀元素),链式反应理论也是他提出来的。所以,在

图 6-1　日军偷袭珍珠港

原子核裂变和链式反应这个问题上，从实验到理论，能两条腿走路且走得像费米这么好的物理学家，找不出第二个。那么，把核裂变反应从物理实验室搬进工厂、搬上战场，研制出切实可用的核反应堆和原子弹的攻关任务的负责人非他莫属。这个任务也是曼哈顿工程里的头号任务，反应堆的实验如果不成功，研制原子弹就无从谈起。不过，当时包括费米在内的人都不知道将要搞出来的会是一个什么样的东西，核反应堆的概念也是在天天搬石墨砖的过程中渐渐形成的。

　　1942 年秋天，费米作为反应堆研制的负责人，率领一众人马在芝加哥大学展开了秘密的研究工作。曼哈顿工程里最脏、最累、最危险的工作就是费米领导的这部分。为了抢时间、赶进度，科学技术人员有时也会亲自上手搬砖垒砖，如果看到这些人搬砖时灰头土脸的模样，估计没人能想到这是世界上掌握了顶尖新技术的最聪明的一群人。

　　这个反应堆采用一层铀加一层石墨砖的办法，一共垒了 57 层。每块砖都打有圆孔，可以插入由镉制成的控制棒。石墨砖被用作中子慢化剂，这也是费米的新发明。这个反应堆一共用了 6 吨金属铀和 46 吨氧化铀。最后的成果看

图 6–2　原子弹示意图

上去就跟砖窑差不多，一层层方砖一直堆到5.6米高。这个看上去极其简陋、实际上也真够简陋的世界上第一个核反应堆名叫"芝加哥1号堆"，就是后来世界范围内核电站的反应堆的老祖先。模样虽然难看，但基本功能一概不缺。万事俱备只欠东风，理论设计经受实验检验的时刻到了。

图6-3　世界第一个核反应堆——芝加哥1号堆

　　1942年12月2日下午，世界上第一次人工控制的自持链式核反应（可以自我维持的链式反应）开始了：费米镇定自若地拿着计算尺，根据中子计数器的现场记录，一边指挥镉控制棒的操作，一边预测着核反应的进程。至于这个反应堆会不会听费米的话、按照他的计算运转，这些问题除了费米，可能其他人都不知捏了几把汗。因为没有任何现成的经验可供参照，理论推算到底是不是准确可靠，谁都不敢保证。而这些理论上的推算仅有的依据就是此前的实验结果。所以，当时的反应堆上还有一个紧急预案行动小组：3位年轻的科学家自告奋勇，蹲在高高的反应堆上面，一旦核裂变失控，就把事先准备好的几桶镉溶液倒在反应堆上，以期迅速消耗裂变反应中的中子，及时终止核反应。除了镉棒和这个自杀式救援小分队，现场再没有其他安全防护措施。

　　这次前无古人的受控核反应实验只持续了28分钟，就用镉控制棒终止了反应进程。实验结果证明,费米的计算精准无误,实验圆满完成。曼哈顿工程顺利地迈过了第一个门槛。

这个实验虽然很短,只释放了0.5瓦的能量,却是人类历史上第一次铀核的可控自持链式裂变反应,做出了多方面的贡献:第一,验证了链式反应理论,证明它在技术上是切实可行的,从这时起,曼哈顿工程全面启动;第二,实验结果使得科学家能够估算出来,要建造六个大型的反应堆,以生产足够的钚元素作为生产原子弹的优质原材料;第三,这项核反应堆控制技术,成为战后和平利用原子能技术的先驱性实验。现在科研和医疗领域里广泛使用的各种人工放射性元素,就是利用核反应堆技术生产出来的。核电站的反应堆,也是这个核反应堆的后代。

而费米作为一个物理学家,不仅做出了学术贡献,也和其他科技人员一起,深深地改变了人类和他们自身的命运。非常令人惋惜的是,身体素来十分强健的费米由于在缺少防护的条件下长期接触放射性物质,不幸罹患癌症,在53岁时英年早逝。他和居里夫人一样,作为放射性和核领域的研究先驱,付出了健康和生命的代价。后来,费米被人们称为反应堆之父。

而以这次实验为基础研制出的原子弹,则成了人类历史上瞬间杀伤力最大的毁灭性武器。科学实验以前所未有的方式,展现了它令人难以置信的力量,也无形中把科学再次推到了人类战争的最前沿。

深埋海中却滴水不漏——港珠澳大桥海底隧道

2018年10月23日,举世瞩目的当代中国工程奇迹——港珠澳大桥举行了开通仪式。从2009年12月开工到2017年7月主体工程全线贯通,耗时八年。在伶仃洋上修建的这座大桥,全长55千米,连接起香港、珠海、澳门这三座繁华

图6-4　港珠澳大桥

的商业都市。为了避让繁忙的海上航线和空中航线,大桥设计人员将大桥中段钻入海底,修成海底隧道。这段长5.25千米的海底隧道到底是怎样的一个工程壮举呢? 科学和技术实验又在这个隧道的建设过程中发挥了怎样的作用呢?

　　海底隧道是港珠澳大桥工程中设计和施工难度最大的环节,是整个大桥的重中之重。这个海底隧道属于沉管隧道,事先在附近的小岛——牛头岛上专门建成的沉管预制工厂用混凝土浇筑成沉管,将管腔的两端进行临时性密封,然后在多条轮船的牵引拖动之下靠浮力运送到海底隧道施工处,安放至海底预定位置、完成沉管之间的连接并去除临时性密封材料,隧道即告竣工。

　　这个过程说起来很简单,可实际上几乎每个环节都算得上是世界范围内难度最大的交通工程项目。一个首要问题就是怎样做到海底隧道的防水呢? 一旦隧道出现漏水,轻则影响行车安全,重则会导致隧道的淹没和报废,整个数十

图6-5　港珠澳大桥海底隧道沉管最终接头沉放

千米的跨海大桥就变成了断头桥。

要做到隧道防水，从沉管的结构来看，其外部防水主要涉及每节沉管之间的密封系统和沉管自身混凝土的防水性能。

荷兰特瑞堡集团负责为港珠澳大桥的隧道沉管提供密封系统，其密封产品和技术十分成熟，已经广泛运用于全球范围内的沉管密封。但是，水底隧道漏水在全球工程界仍是非常普遍的现象，因此，程度有限的漏水是被允许和接受的。

水底隧道为什么会漏水呢？是密封系统质量不够好吗？其实，在多数情况下都不是密封系统的问题，而是浇筑成沉管的混凝土出现收缩开裂，或者沉管构件在其自重、上方泥土及水体重力作用之下发生的结构性开裂。这就如同我们把一截一截的消防水带通过金属接头连接在一起以后，如果水带本身漏洞百出，那么金属接头的密封性再好，整个水管还是会不停漏水。

所以，港珠澳大桥海底隧道要做到滴水不漏，就必须在确保沉管密封接头质量可靠的前提下，从改进混凝土自身的水密性和抗裂性、延长混凝土结构设计寿命、提高沉管安装精度这几方面入手。为了设计和生产出防水性能万无一失的隧道沉管，实验方法成了面对空前挑战的工程师们的头号制胜法宝。

怎样才能保证海底沉管的混凝土在120年的设计使用年限之内不开裂、不漏水呢？中交四航工程研究院建材所承担了混凝土配方的研制任务。建材所副所长张宝兰来到当时一片荒芜的牛头岛，从零开始筹建当时连房屋都没有的混凝土实验室。实验室的任务就是寻找出最理想的混凝土配方，以满足对沉管混凝土的自防水要求。

在施工中，需要根据具体要求设计出相应的混凝土配合比，就是混凝土中各组成材料之间的比例关系，从表面上看，混凝土配合比只涉及水泥、砂子、石子、水这4种材料的用量。这不是连最普通的泥瓦匠都能掌握的技能吗？用这些材料搅拌成混凝土是不算难，但要保证混凝土在数十米深的海水和海底淤泥

图6-6　混凝土配比

的重压以及海水的冲击腐蚀之下,历经百年而不开裂、不漏水,那可实在是难于上青天了。张宝兰说:"混凝土配合比需要计算出来,最终更要靠一次次实验试出来。"因为,没有能满足这一苛刻要求的现成配方,只有借助实验进行反复的尝试和摸索。

张宝兰带着她的团队用了将近一年的时间,用坏了4个混凝土搅拌机,反复配比了100多吨混凝土,进行了海量的实验,历尽千辛万苦,总算研究出了提高混凝土抗裂性能的"超级配方"。

混凝土的完美配方有了,可是这离浇筑出完美的沉管预制构件还差了十万八千里。这可不像中药店里照方抓药那么简单。因为这些沉管可不是普通的混凝土管道,而是世界上块头最大、埋藏最深的巨无霸沉管,号称"沉管航母",每节沉管的体量都相当于60层高楼。港珠澳大桥海底隧道由33节巨型沉管和1个最终接头段组成,每节标准沉管长180米、宽37.95米、高11.4米,单个管节重约8万吨。这种超大型沉管的"工厂法"流水作业生产在国内没有先例可循,在世界范围内是第二次,面对国外工程公司的技术封锁和漫天要价,大桥的工程技术人员在相当有限的预算之下被逼上梁山,只能靠自己摸索来寻找现实可行的生产体系和技术方案。

沉管是钢筋混凝土的结构,首先要绑扎钢筋、构成沉管的设计形状和骨架结构,作为下一步混凝土浇筑的基础。这种巨型沉管需要使用上百种不同规格型号的钢筋,捆扎成重达7000多吨的钢筋笼,然后还要对它进行移动。以钢筋笼为基础进行浇筑,一次性浇筑的混凝土量就超过3000立方米,而且还不允许出现任何裂纹。浇筑成型后的8万吨巨型混凝土结构还要从浅坞区移动到深坞区,再由大型拖船和安装船组成的船队从岛上牵引到外海。由于沉管结构十分庞大,施工中的每个环节都是巨大的挑战。

在一年多的时间里,中交二航局第二工程有限公司的工程技术人员先后完成了6次小模型试验、2次足尺模型试验,从无到有地形成了现场施工方案。在实验的基础之上,再反复进行论证和优化,最终实现了巨型沉管浇筑技术和施工的重大突破和超越。

33节标准沉管块头巨大,但结构相对简单;相比之下,作为最关键部件的接头管则是硬骨头中最难啃的部分。沉管的最终接头是一个巨大的梯形钢筋混凝土结构,顶板长12米,底板长9.6米,高37.95米,宽11.4米,重6000吨,是国内首个钢壳与混凝土浇筑的"三明治"梯形沉管结构。虽然这个接头的大小还不到标准沉管的十分之一,但结构十分复杂,内部空间特别狭小,一共有304个隔舱,单个隔舱的体积从0.5立方米至10立方米不等,总浇筑量1250立方米,需要分5次进行浇筑。

为了顺利完成这个高难度的沉管接头浇筑施工,岛隧工程的有关部门在2015年11月至2017年3月期间,开展了一系列的专题技术研究与工艺实验,并采用多种材质进行沉管隔舱的足尺模型实验,逐步确立了混凝土原材料、配合比、工艺参数、验收标准、操作规程,为正确指导沉管接头钢壳混凝土浇筑施工提供了充分的依据。在大量前期实验形成的技术方案的基础上,团队最终在3月26日成功完成了第五次浇筑,海底隧道沉管接头终于露出来了! 从混凝土配方的形成,到沉管钢筋绑扎、混凝土浇筑,整个沉管的生产流程几乎每一步都离不开实验这个先导性环节。正是因为我国以前缺少海底沉管隧道的施工经验,所以面对前所未有的新工程,缜密充分的理论论证并结合各种规模、各个环节的反复实验,才能弥补技术经验的欠缺,实现伟大的技术创新。

地球外移民的前奏——生物圈2号实验

试想一下:在未来的某一天,可能是因为地球变得不再宜居,也可能是因为我们在地球上住厌了,我们准备移民到月球或火星上。我们按照事先的完美规划,带足了所有必备物资,还带上了移民生活所需的各种生物的活体样本,乘坐飞船来到目的地,按部就班地开始在新的居住地重建一个适合人类生存的生态系统。很快,新家园顺利建成,我们开始享受新的生活……日子一天天地过去,我们渐渐发现,情况好像不太妙! 新家园里的氧气比例在不断降低,低到了

图6-7 火星表面

危及健康和生命的程度！食物产量不如预期，没法保证足够的食物供应，大家饿得头晕眼花。带去的很多动植物和昆虫都陆续灭绝，灭绝速度超出了预期。只有那些不速之客——讨厌的黑蚂蚁和蟑螂爬得到处都是！看来这次移民怕是要失败了。怎么办？是坐以待毙还是坐上飞船逃之夭夭？……

如果未来真有这样的移民壮举，万一碰到这种局面实在是太可怕了。不过，我们可能不会遇到这样的困境，或者对这种困境会有更充分的心理准备和技术准备，因为美国人已经耗费巨资，在20世纪90年代精心设计和完成了这样一项实验，不用登月、不用去火星，我们已经知道重建一个缩微版的地球生物圈会遇到哪些出乎意料的麻烦，以及应该从哪里入手设法解决这些麻烦。这就是著名的生物圈2号实验。

1986年至1991年间，美国石油大亨爱德华·巴斯（1946—）投入巨资，在美国亚利桑那州甲骨文镇的沙漠之中建造了一个占地1.27公顷的密闭人造生态系统。因为地球被当作范本和1号生物圈，所以这个缩微版生物圈就被命名为"生物圈2号"。其目的就是研究在太空中打造一个只输入能量、不输入任何物质、仅靠内部的物质循环来维持人类生存的封闭生态系统的可行性。选址于荒漠之中也是因为这里的生态接近于太空状态。

生物圈2号就是一个巨型温室结构，由80000根钢梁和6000块玻璃板组成。设计者们为保持系统的密闭性，花了很多心血和金钱。他们建造了两个独具匠心的"肺状结构"，两个"肺"由橡胶膜制成，其体积占到整体结构的30%。当北纬32°的沙漠地带强烈的阳光射入温室时，室内空气受热膨胀，"肺"就会向上鼓起。夜间气温下降、气体收缩时，"肺"就会向下收缩。其上下活动的距离可达15米。这种灵巧的结构既能保持玻璃板不会因空气剧烈的热胀冷缩而破裂，还能非常灵敏地显示出是否存在气体外泄的情况。玻璃的密封非常完美，年泄漏率不到10%，达到当时世界上顶尖的设计和施工水平。因此，设计者还为这项玻璃密封技术申请了美国的专利。作为对照的是20世纪80年代

图6-8　生物圈2号

后期，美国肯尼迪航天中心生产的"生物量生产舱"，这是一种大型密闭高等植物栽培系统和"人与植物"的人工生态系统，其每天的泄漏率就在1%至10%之间。

　　隔绝了外界空气还不够。为了杜绝与土壤之间的物质和气体交换，温室的地面由500吨不锈钢板焊接而成。正是由于这项工程在气密性上的无懈可击，生物圈2号在首次封闭生存实验中就有了一个令人沮丧但特别重要的发现——氧气和二氧化碳的循环问题。

　　生物圈2号内部有5个精心设计的生物群落，包括热带雨林区、有珊瑚礁的海洋、有红树林的湿地、稀树草原、有雾的沙漠，还有一个农业区和一个人类居住区。除了精心准备的生活于各生态群落中的3000种动植物之外，温室中还有1000种微生物居民。在农业区，还有3头猪、5只羊、38只鸡以及用于养殖和食用的罗非鱼。他们还特意借鉴了中国将稻田与鱼类养殖一体化这种古老而高效的耕作模式。

　　生物圈 2 号最初的建设预算是 3000 万美元,在建设过程中建造计划不断更改,投资一再增加,最后建成时耗资达到了 1.5 亿美元的天文数字。这差不多是世界范围内最昂贵的由私人赞助的科研项目,还不包括设施的运行费用。

　　1991 年 9 月 26 日,四男四女共计八名各领域的专家进驻温室,开始了为期两年的首次密闭生存实验。这些被媒体和大众密切关注的实验人员被称为"生物圈人"。他们进驻后遇到的第一个麻烦就是吃不饱。八个人中没有农业专家,又遇上阴雨天气,导致第一年的收成很不理想。靠自给自足的农业生产只能提供所需食物的 83%,不足部分则来自于事先储备的食物。团队中的一名医生用他精心设计的"延寿食谱"来帮助大家应对食物匮乏的局面。所谓"延寿食谱",就是低热量、高营养的日常膳食,能全面满足身体的营养需求,但每天摄入的总热量只有 2000 千卡左右,使人一直处于半饥不饱的状态。进入生物圈 2 号之后,八名实验人员都变瘦了,人均降低了大约 16% 的体重。半年之后,他们

图 6-9　生物圈 2 号结构图

的身体逐渐适应了这种饮食模式,能够更高效地吸收食物中的热量,大家的体重有所回升。后来的医学检查表明,这种严格控制热量的高营养食谱,使得实验人员的健康状况好得出奇,血压、胆固醇、免疫状态都有明显改善。唯一遗憾的是他们自己的体验可实在算不上美好,饥饿难耐的感觉挥之不去,甚至一度饿得吃掉了一些种子储备。不过,这个食谱应该算得上是一次很成功的医学实验。这个实验等于证明了每餐只吃八分饱的科学性。但估计像我们这样可以自由取食、没有严格的食物供应控制的普通人,是没办法坚持采用这种延寿食谱的。粮食不足的问题最终在第二个年头得到了改善,所以,并未真正危及实验的进行。

但另一个问题就非常棘手了。得益于极其严格的密封技术,仪器监测发现温室内的氧气含量在缓慢而稳定地下降。下降的速度大约是每个月 0.25%。如果这个设施漏气明显、能形成内外气体交换,那么这种十分隐蔽的氧含量下降问题就不可能被发现。氧气含量从 20.51% 一直下跌到不足 15%,八名实验人员已经出现高原缺氧症状,影响到了日常的工作和睡眠。但始终找不到原因。人们一度认为是用于堆肥的土壤中微生物过度活跃,导致在分解过程中消耗了

过多氧气,产生了太多二氧化碳。可是,在因光照变化导致植物光合作用的变化、进而引起二氧化碳的每日波动和季节性波动之外,并未检测到二氧化碳浓度的异常升高。没人能搞清楚温室内二氧化碳的去向。无奈之下,为了让实验继续进行,不得不采取措施进行了两次加氧,以保证实验人员的健康和安全。这个谜题后来才被解开:气体的同位素分析表明,温室内暴露在空气中的混凝土墙壁与二氧化碳反应生成了碳酸钙,导致植物光合作用受阻,从二氧化碳到氧气的气体循环被中断。

通过这次实验及后续研究,人们才得以了解混凝土在地球大气的二氧化碳循环中的完整作用。人们早就知道,混凝土在生产过程中要加热石灰石或碳酸钙,会向大气中排放大量二氧化碳。而借助生物圈 2 号的实验,人们才认识到

这个循环的另一半：混凝土在其几十年甚至上百年的使用寿命中，会一直持续发挥固碳作用。这是完全出乎预料的一个重要发现。如果现在人们考虑在火星或月球的岩石上建立生活基地，一定会事先研究和评估这些岩石将会与空气发生何种反应。这是本次实验带来的一个重大收获。

除了在生态学上的各种研究之外，生物圈2号还是一个社会学和心理学的实验室。长期处于封闭状态下的人类小群体会发生怎样的变化？心理学家研究过那些在南极科考站过冬的科研人员，知道这种情况对人的挑战非常大，团队通常会发生分裂，这被称为封闭环境心理。

在任务进行还不到一半时，八名生物圈人就已经分裂成了两派，每派都是四个人，原来的密友已经势不两立，彼此之间几乎不说话。但有一点却非常有意思：他们一直在通力合作，努力推进项目，始终关注生物圈里的空气质量、水质以及生命系统是否正常运转，都深深意识到任何有损生物圈的行为最终将危及自身的健康与安全。所以生物圈2号不像其他的一些探险活动那样，因团队内部摩擦给整个任务造成了严重的破坏。这次任务结束后，心理学家对团队成员的心理状态进行了评估，虽然实验人员自认为处于抑郁状态，但专家们却并不认同，认为实验前期的饥饿和缺氧是他们情绪低落的重要原因。专家们认为他们属于比较典型的探险者的情况，和航天员的状态非常接近。

实验团队的心理状态如何变化，对于将来的星际探险和太空移民有非常重要的参照作用。在漫长的封闭状态下，如果是设备问题或者技术问题，只要团队能进行卓有成效的合作，就还有挽回局面的机会，就像美国的阿波罗13号载人登月任务那样。但若团队人员的心理状态或人际关系严重恶化，给整个任务带来的打击则可能是致命的。怎样对封闭环境内的任务团队成员进行持久有效的心理建设，这是未来的类似任务中不能忽略的重要问题，至少和任务中的科学技术问题同样重要。

1993年9月，为期两年的首次封闭实验如期结束。实验过程中暴露出来的问题非常多:由于光照充足时温室内温度过高、冬季时气温又偏低,所以温室一直需要依赖外部输入电力和在密闭管道中循环的冷热水调节室温,它无法只靠太阳能满足自身的能量需求。巨大的能耗使得这个设施每年需要60万美元的巨额运转费用。虽然实验人员的食物勉强做到自给自足,但5个模拟自然环境的生态系统并未建成:一些植物过度疯长,大量动植物灭绝,灭绝程度超过事先预期,授粉昆虫全部死亡,无意中带入的入侵型蚂蚁却爬满墙壁,蟑螂异常繁盛。因此,多数人认为这是一次失败的实验。

第一次密闭生存实验结束后,人们对生物圈2号进行了许多改进。其中一项就是对混凝土墙壁进行了密封处理。1994年3月,第二次密闭生存实验开始,此次实验计划运行十个月。这次专门选择了一位农业专家作为实验团队的成员,结果第二次实验过程中生产的食物多得吃不完。氧气含量也没有出现异常。但遗憾的是,由于实验项目的出资人、管理方、科学咨询团队之间出现了很多分歧,这次实验只运行了六个月就提前结束了。

生物圈2号从诞生之日起就是一个受到新闻媒体和大众高度关注的项目,在实验进行期间,参观的游人络绎不绝,媒体持续跟踪报道。但公众和媒体关注的焦点主要在是否坚持绝对的密闭和禁止人员出入这个问题上,甚至在有一位实验人员因手指被打谷机切断、不得不外出就医时,都被怀疑是在作弊和试图偷偷夹带物品进去。但科学界更关注的是对实验过程中获得的重要数据和样本进行的分析和处理,至于能否完成密闭生存任务,其重要性应当退居其次。

多数人认为生物圈2号是一次失败的实验,因为它并未能建成一个自我维持的生态系统,而是出现了明显的物种失调和失控现象;对外界能量支持的严重依赖,也是生物圈2号的重大缺陷。但其实,它带来了很多重要的认识和收获:两位实验人员塔贝尔·麦克卡鲁姆和珀英特完成实验后结成夫妻,并利用他们在实验中获得的知识共同创立了太空开发公司,为美国国家航空航天局(NASA)和其他客户开发生命维持系统。这项实验还揭示出地球生态系统的复杂性,表明人工模拟的生态系统因尺度过小,资源与人的比例不足而难以维持系统的平衡。这项实验使人们意识到,其实人类对生态系统的了解仍然非常不充分。

所以,用失败来给这次实验贴标签是不合适的。我们建立地球外生存系统的尝试不可能一蹴而就,必定需要反复多次的尝试、失败和再次尝试。这就像跑马拉松一样,只有冲刺时的最后一步才是成功抵达终点的那一步,但那之前迈出的每一步都必不可少。

2011年,几经周折之后,出资人巴斯把生物圈2号实验设施捐赠给了美国亚利桑那大学。现在,这座实验设施又经历了很多改造,只在局部生态区域里保持密封,每年运转费用已经降到了25万美元。巴斯仍旧对那里新开展的实验项目保持了密切的关注和兴趣。2017年,巴斯对那里正在进行的一项地球科学实验的评价,用来评价生物圈2号可能比较贴切:"就好像你新造了一架飞机,第一次试飞就想让它环球飞行。"

◆ 今天的生物圈2号

这座传奇而富有争议的实验设施目前处于美国亚利桑那大学的管理之下,它不仅是一座大型科学实验建筑群,也是一个公众可以购票游览的科学教育设施。目前的票价从11美元至21美元不等。

生物圈2号现在经历了一些改建,不同领域的科学家在那里进行各自的研究项目。虽然对于建立一个完整的生物圈来说它还不够大,但作为一个实验室,它的规模仍是相当可观的,科学家雄心勃勃地想把它建成一个新的研究圣地。

生物圈2号还有自己的网站,人们可以从中了解它的历史和当下正在进行的各种研究、教育和参观项目。

太空中的动植物培养实验

虽然生物圈2号在隔绝内外气体交换和与土壤的物质交换上做得近乎完美，但有一项外部影响因素是它应当加以排除却又完全无法排除的——这就是地球的重力影响。只要我们离开地球，就会处于完全不同的重力环境之中，月球的引力只有地球引力的六分之一，火星的引力大约是地球引力的38%，而在地球轨道运行的航天器内则属于微重力环境，其中物体受到的重力大约是地球重力的万分之一。

如果我们在漫长的星际旅行中，需要通过培养动植物来提供旅途所需的营养和食物，那么在这种与地球完全不同的重力环境下，动植物能否正常存活呢？能顺利繁育下一代吗？这些问题，无法在地球上解答，而只能通过在太空中进行实验和观察，才能找到答案。

通过各国航天员在太空中生活和工作的经历，我们已经知道这种微重力的环境，会使航天员出现骨骼脱钙、肌肉萎缩、血液循环紊乱（头肿脸大、上身膨胀、双腿变细）等健康问题。那么，动植物是否会和人一样，在微重力环境下出现种种退行性的改变呢？

为了研究这些问题，我国科学家进行了一系列空间实验，并取得了一些初步的研究成果，而且还有一些令人惊喜的意外发现。

2016年9月15日，我国的"天宫二号"空间实验室成功发射入轨。随着"天宫二号"一起升空发射的，还有一个装有水稻和拟南芥种子的高等植物培养箱。之所以选择这两种植物，是因为拟南芥是植物界的模式生物，和线虫、果蝇、小白鼠一样，养殖成本低廉，易于存活和繁殖，而且十分具有代表性。而水稻则是中国人最青睐的粮食作物之一。

图6-10 "天宫二号"

　　9月23日,研究人员在地面发出遥控指令,将营养液注入播有种子的土壤,太空植物培养实验启动。同时,培养箱里的光照系统和温度、湿度、营养液输注控制系统也在遥控之下开始工作,箱内安装的观察相机也在对生长过程进行持续观测。这些种子能否萌发? 地面上的研究人员也没有十足的把握。

　　因为在地球上最平常的生命活动,到了微重力的太空实验室,可能都会变得非常难以预料。就植物种子的萌发而言,空气、阳光、水这三个要素缺一不可。除了从地球上带过去的空气和水之外,在太空里可以用人工照明代替阳光。三个要素都具备了,是不是种子就能萌发了? 很可能无法萌发。土壤里的种子需要在水的作用下泡涨,同时又必须能呼吸到空气,否则就会烂掉。这个问题在地球上无须人类额外操心,只要土壤中的水量合适,在地球重力作用下,水会自动向下聚积,种子就会处于下面有水浸泡、上面有空气可呼吸的理想状态。可是,离开了地球重力环境,水和空气难以分离,很可能种子被水隔绝了空气,因腐烂无法萌发。

　　为了解决这个问题,中国科学院上海技术物理研究所和植物生理生态研究所的研究人员想到了毛细现象和毛细管。他们首先把含有水分的营养液注入土壤,然后再通过毛细管把土壤中的水分吸出来,以使种子能够呼吸到空气。

他们请力学专家对这个设计方案进行了计算，从理论上看是可行的。但太空实验的结果到底如何呢？只能在忐忑不安中等待了……

实验启动5天后，拟南芥冒出了一个小芽；20天后，水稻种子也慢悠悠地冒出了小芽。首战告捷！但还有困难在前面。还是水的问题。每个植物培养单元能配备的水量只有300毫升，大约有普通水杯一杯水那么多。虽然水本身并不贵，但考虑到每千克载荷1万美元左右的火箭发射成本（所以航天员必须极其严格地控制体重），这么一点点水就价值3000美元，当然必须绝对严格地限制用水量。

怎样用这么少的水满足植物整个生命周期的需要呢？研究人员想到了循环利用。就像在地球上一样，水可以从土壤蒸发，在空中遇冷凝结成水珠，再落回土壤。但是没有地球重力，水珠怎么才能落回土壤呢？还是毛细管，通过毛细管收集水分后再注入土壤中。水分的问题就这样解决了。植物的长势如何呢？

在国际空间站进行的拟南芥从种子到种子的培养实验显示，微重力条件下发育的拟南芥有大约20%的植株没有抽薹，另外有近一半的果荚中没有结种子。

图6-11　地面与太空实验室两种环境下生长的拟南芥对比（左右两边为地面植株，中间为太空植株）

而在"天宫二号"进行的实验则产生了很多重要的新发现：通过与地面上同步种植的水稻和拟南芥进行对比，在太空中没有地球上的重力引导，植物方向感差，根的定向生长运动明显受阻，太空中的水也不能有效地回到土壤中。

图6-12 太空植物

但在太空微重力的条件下,水稻叶片的吐水活性却显著增强。这一特性未来或许可应用于空间制备净化水或空间制药。

"点头运动"是植物细胞周期性生长的外在表现,其过程受到生物钟基因的严格控制。"天宫二号"里面生长的拟南芥花序轴的点头幅度和频率,都明显小于地面对照组,说明微重力抑制了植物的点头运动。

在实验中还发现,植物在太空中虽然开花晚、长得慢,但衰老速度也慢,寿命显著延长。太空中拟南芥在"长日照"条件下(16小时光照加8小时黑暗),植株寿命比地面对照组长65天;由短日照模式转为长日照模式,植株寿命则比地面对照组长456天。在太空中,水稻的第一和第二叶片的衰老也慢于地面对照组。

◆ **太空实验室中的高等植物培养箱**

随"天宫二号"发射上天的植物培养箱,体积很小,只有40厘米×30厘米×30厘米,质量不到20千克。可是,麻雀虽小,五脏俱全。里面安装有一套控制与数据采集传输系统、三台相机、两升培养液、两个风扇、四组水循环单元、乙烯去除单元、四组泵,外加上十分复杂的液体管路等。此外,还要留出30多棵拟南芥和水稻的生长空间。

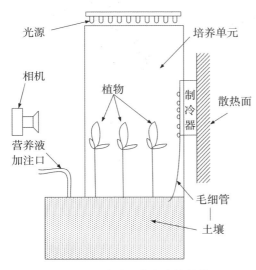

光源

相机

营养液
加注口

培养单元

散热面

植物

制冷器

毛细管

土壤

图6-13　高等植物太空培养箱

2016年11月17日,在"天宫二号"内工作和生活了30天的两名中国航天员景海鹏、陈冬搭乘"神舟十一号"载人飞船与"天宫二号"成功分离,带着包括太空拟南芥在内的一些实验样品返回了地球。这些样本完好无损地送到了中国科学院的科学家手中,以便进行深入的分析研究。

植物种子可以在太空中顺利萌发和完成从种子到种子的整个生命周期,那么动物呢? 1996年,美国哥伦比亚号航天飞机将49枚小鼠2细胞胚胎送上太空,结果无一发育。2006年,中国科学院动物研究所段恩奎带领的团队利用我国"实践八号"育种卫星留轨舱,开展了小鼠4细胞期胚胎太空发育实验,首次获取了太空中的小鼠胚胎图片,但它们在太空中未能完成发育过程。

世界范围内仅有的两次小鼠胚胎太空发育实验都失败了。难道太空环境真的是胚胎发育的禁区? 还是实验技术和实验设备有问题?

失败并没有使段恩奎团队气馁,他们和合作伙伴对太空胚胎培养方法和固定技术进行了多方面的深入研究和改进。

其一,是给小鼠胚胎建造一个条件近似于母体子宫的体外发育环境。这个发育环境的要求特别苛刻。建造材料中一点点的杂质都会使胚胎发育失败。中国科学院上海技术物理所张涛率领的研究团队尝试用超声洗、冲洗,还用各种方式浸泡,都失败了。后来他们从胚胎培养盒的生产厂家那里了解到,培养盒的注塑工艺需要加入一点脱模剂。这次总算找到了导致胚胎体外培养失败的罪魁祸首。于是张涛等人便通过抽真空的方式,令吸附在培养盒表面的附着物挥发掉,终于形成了合适的培养环境。这个团队最终的研究成果就是把地面庞大复杂的胚胎实验室缩微成一个微波炉大小的培养箱和一个电控箱,而且这个培养箱还具有密闭培养、自动搜索识别显微成像、遥控固定、图像下传等功能,使得在地球上的研究人员能及时观察到小鼠胚胎发育的显微图像,这在世界上是首次成功的尝试。

其二,段恩奎还与其他团队合作,研发了胚胎密闭培养体系,研制了适用于太空胚胎培养的特殊培养液,开发了大量早期胚胎冷冻、解冻的新技术,把单批次胚胎冷冻数量从10个提高到50至100个。

其三,开发出适合太空环境遥控操作的胚胎固定技术。胚胎发育72小时后形成囊胚,由于在太空环境中没有母鼠,胚胎不能在小鼠子宫着床,所以这些胚胎将会慢慢死亡。这些胚胎当中有一部分会在装入卫星72小时后被注入固定液进行固定,在卫星返回地面时一道返回,随后进行实验室的分析研究。

有了这些前期的技术准备,2016年4月6日,我国"实践十号"返回式科学实验卫星发射升空,一道出发的还有一批特殊的乘客——6000枚左右的小鼠早期胚胎。为了防止胚胎在发射前在地球环境下就过早解冻和开始发育,段恩奎

图6-14　胚胎培养

的团队获得卫星发射方面的特殊许可,在发射前8小时才将冷冻胚胎细胞装入卫星。而2006年的那一次,因为火箭发射流程的需要,胚胎不得不在火箭发射前32小时就被装入卫星。所以,即使从太空中获得的照片明确显示胚胎已经处于发育之中,也不能认定是在太空中发育成功的,因为在发射前的32小时,对胚胎发育来说,已经是一个很长的时间段了。

除了尽量延后装载小鼠胚胎外,胚胎发育设备对电力供应也有严格要求,要求断电不能超过20分钟。结果在实验人员的精细操控之下,实际转运和装载时,仅仅断电12分钟就完成了相关操作。

进行发育实验的小鼠胚胎在卫星入轨后每隔4小时被照相一次,记录它们的状态,直到96小时为止。研究人员在地面上非常清晰地观察到,在72小时左右,细胞胚胎就发育为囊胚,和地面上时间基本一致。十年磨一剑,段恩奎的团队用几万枚胚胎做了上百次的实验,在其他研究团队的合作与支持之下,为摸索出最好的胚胎培养环境和设备付出了艰辛的努力,终于等来了成功的这一天,这也为人们理解哺乳动物在太空中的早期生命发育进程迈出了可喜的第一步。

微信扫码

看科学实验小视频高效学习
添加学习助手获取服务

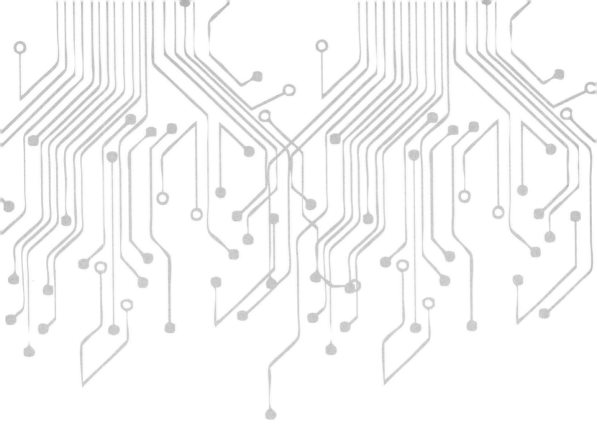

第 7 章

社会也是实验室

　　科学心理学诞生之后,实验研究方法在这门学科中的作用已经变得越来越重要。除了采用日益复杂的现代仪器与设备进行各种测量与分析之外,有意识地把人群和社区当作实验室,观察人们在特定情境下的行为和表现,也成为社会学家、心理学家乃至历史学家的研究方式。

从众的力量

　　1967年4月，美国加州的一所高中里，一位教授世界史的教师进行了为期五天的实验，让人们对纳粹从诞生到日益猖獗的过程，有了全新的认识。

　　这位教师名叫罗恩·琼斯，在为高二学生讲授纳粹德国的内容时，有学生问了他一个问题：为什么这段历史的亲历者，纳粹德国时期的德国普通民众，都声称自己对当时的排犹运动毫不知情？琼斯感到这个问题十分棘手，难以回答。这也确实是一个令人非常困惑的问题。在日益猖獗的排犹浪潮中，一些德国普通民众并不是无辜的袖手旁观者，他们直接或间接参与了对犹太人的迫害、掠夺乃至屠杀，甚至对犹太人的灾难感到幸灾乐祸。

　　琼斯的解决方法令人耳目一新。他计划用五天的时间做一个实验，以一种独特的方式重现纳粹势力的形成过程。

　　第一天，他向学生强调纪律的重要性，并训练学生形成整齐、划一、迅疾的举止。学生们的站姿、坐姿、交谈，课堂上、课间时的活动方式等，开始带有职业军人的风格。学生们表现得非常服从、配合和投入。

　　第二天，他向学生们强调团结，强调整齐划一的口号和行动，并即兴创造了一种被他称为"第三浪潮礼"的独特举手礼，学生们逐渐习惯接受这种行礼方式，而且在这个过程中表现得满足而富于激情。外班的学生们开始注意到了这个"第三浪潮"组织，并希望能够加入其中。

　　第三天，琼斯开始向学生们强调行动的重要性，要求学生们以行动来捍卫纪律和团结，要求学生们以告密的方式，向他报告那些不遵守纪律的人。琼斯非常清楚，自己向学生们灌输这些理念的方式是非常专制的，但是学生们的反应是热烈接受和发自内心地认同。他们充满热情地超额完成了老师布置的作业和任务。学生反响之热烈甚至到了让琼斯开始担心的程度。他已经开始以一种独特的方式安排这场实验的谢幕式：他发放成员证，并要求学生们介绍和引入更多的新成员。新成员必须学习所有的组织规则，并保证服从这些规则。整个学校都对这个组织产生了好奇和热情，教师们也开始卷入其中。甚至在教职工会议上也有人向琼斯行"第三浪潮礼"。最让琼斯感到恐惧的是，他只要求三名学生向他报告不端行为，却有二十人向他打各种小报告，这已经超过了班级人数的一半。这一天结束时，多数孩子们已经进入完全投入的状态，在这个实验过程中，他们找到了前所未有的归属感、存在感和认同感，尤其是那些平时并不引人瞩目的普通学生。而那些在学业上表现得极为优秀的学生，却表现得震惊而忧郁，进而以一种机械冷漠的观望态度参与实验。

　　第四天，实验已经开始有些脱离控制的趋势。班级人数已经增加到八十多人。学校里出现了一种"盖世太保"在活动的气氛。琼斯感到控制自己也变得日益困难，他发现自己越来越习惯于以权威的方式发号施令。这一天，琼斯向学生们谈论"荣耀"。他以这种方式向学生们灌输一种优越感和使命感，并向学生们宣布，周五将在学校安排一场仅面向"第三浪潮"组织成员的特别集会，届时他们将用电视收看这个全国性组织的重要会议。他暗示，学生们如果在集会上表现优秀，就会被遴选为这个组织的代表性成员。他以为他编造的这些话可能会让人笑场，或者会有人提出质疑，进而使他的计划彻底泡汤。出乎意料的是学生们的反应狂热而兴奋，充满期待。

　　第五天，琼斯精心布置了会场，还请人假扮成记者和摄像师，以营造更逼真的氛围。两百多名学生来到会场，气氛神秘而安静。会议开始后，他行礼，学生们齐刷刷地回礼。他让学生们高喊口号，大家歇斯底里地吼叫，一遍遍地照做。最后，他向大家揭晓了谜底：一段空白的没有任何内容的电视节目。几分钟的沉默和惶惑之后，学生们终于恍然大悟，原来并没有什么组织和领袖。他向学生们指出，大家在四天的时间里体会了生活在纳粹德国的感觉，大家经历了在严守纪律、强调团结与服从、强调优越感的社会中行为变化的过程,这使人意识到,普通人是如何一步步被纳粹组织"控制"的。琼斯最后说,如果大家这次对这个模拟纳粹组织的体验足够深刻、足够投入的话,相信今后不会有人承认自己参加了今天的这场集会,每个人都会对此讳莫如深。没人希望自己的亲人和朋友知道自己曾成为一个被人操纵的追随者。大家和纳粹德国时期的普通民众一样,都不愿意承认自己曾经走到这步田地。

集会散去时,很多人是流着泪离开的。这五天里发生的戏剧般的变化和这项实验的结局深深地触动了每个人心灵中不曾留意过的角落。后来的事情果然如琼斯所料。琼斯说,在他任教于该校的四年里,大家热烈地讨论和研究这次实验中的种种行为,但是没人提到这次集会,每个人都想忘掉它。

在美国,还有两个与此相类似的实验。一个是米尔格拉姆实验,也叫权威服从实验。1961年7月,耶鲁大学心理学家斯坦利·米尔格拉姆想知道,纳粹分子阿道夫·艾希曼以及其他千百万名参与了屠杀犹太人的纳粹分子,有没有可能只是单纯地服从了上级的命令?他想通过实验去寻求答案。该实验招募来的受试者只是普通的成年人,他们按照实验主试者的要求对隔壁房间里的人施以电击,他们看不见被电击者,但能听见这些人的反应,这些被电击的人在承受

图7-1 斯坦利·米尔格拉姆

从45伏至450伏的电击时,会依电压由低到高的变化,发出越来越惨的尖叫声,直到敲打墙壁,最后静默无声。但其实并没有真正的电击,尖叫声也是事先录制好,然后用录音机播放出来的。实验的目的就是要观察在受电击者惨叫连连,甚至有生命危险的情况下,如果实验主试者明确要求继续电击,负责施加电击的人会将实验坚持到何种程度。结果是有三分之二的人会一直将实验进行到底,尽管他们对此也感到非常为难,并且有权力随时中止或退出这项实验。后

来,米尔格拉姆本人和世界范围内的心理学家多次重复了类似或稍有不同的实验,每次能坚持到施加致命高压电击的人数比例都稳定在61%至66%之间。

　　另一个是1971年美国社会心理学家菲利普·津巴多主持的斯坦福监狱实验。实验通过专门测试挑选了身心健康、情绪稳定的大学生作为受试者,这些人被随机分为狱卒和犯人两组,接着被置身于模拟的监狱环境。实验一开始,受试者便强烈感受到角色规范的影响,努力去扮演既定的角色。到了第六天,情况演变得过度逼真,原本单纯的大学生要么变成残暴不仁的"狱卒",要么变成心理崩溃的"犯人","狱卒"肆意虐待和凌辱"囚犯",局面开始失控。津巴多不得不提前结束了原计划持续两周的实验。

图7-2　菲利普·津巴多

　　这些心理学和社会学领域的实验如同振聋发聩的惊雷,在使人震惊之余,促使人们深刻反省:我们能否时刻清醒地认识自己的行为? 我们会否因为自己身份、角色与职责的要求,而放弃判断和选择自己的行为? 在权威、权力和服从的要求之下,我们会否成为可怕罪行的积极参与者和帮凶? 如果置身于势不可挡的社会洪流之中,我们会否以从众的名义放弃思考、放弃坚持,随波逐流?

人们为何会执迷不悟

　　当我们从电视节目上看到极端恐怖组织、传销组织、邪教组织的种种奇特信念和行为的时候,我们难免会产生一个疑问:在旁观者看来破绽百出的一套套说辞,为什么它们的成员就这样深信不疑呢? 他们是不是被洗脑、被控制了,

图7-3　利昂·费斯汀格

以致完全失去了判断力？

一旦发现那些让我们深信不疑并且为之投入了大量感情、财富和精力的信念，其实只是一场骗局，我们会承认自己判断失误、上当受骗了吗？当我们的行为和我们的认知不一致，如认识到自己做错了事情，那么是承认自己错了，还是改变自己的观念、坚信自己并没有错呢？

美国社会心理学家利昂·费斯汀格（1919—1989）是一位大胆而富有创见的学者。他敏锐地抓住了一次难得的实验机会，深入美国一个"教派"当中充当信徒，观察他们的行为方式。

这个"教派"的头领是一位家庭妇女。她宣称，在1955年12月25日，一场洪水将会摧毁世界，而外星人会驾着飞碟来解救他们这些信徒，把他们带到安全的地方。费斯汀格在报纸上看到这个报道后，就带了两个学生伪装成真正的信徒，加入这个"教派"，一边参加他们的活动和聚会，一边偷偷记录下这些人的言行。预言的日子到了，地球安然无恙。那些本来就心存疑虑的信徒无法接受预言的失败，退出了这个组织。而那些深信不疑、付出了辞职甚至变卖家产这类重大代价的信徒不但没有怀疑，反而更加坚信头领的新说法，认为由于自己的善良，上帝决定收回这场灾难。

事后，费斯汀格提出了认知失调理论来解释信徒们这种奇特的反应。当人们深信一个预言或信念并且为此采取行动、付出代价之后，一旦预言失败或信念面临威胁，就会出现认知失调。人们会设法解决这种失调，以求得认知和谐与内心的平衡。怎样解决呢？

扭曲自己的认知，使之与此前的认知或行动相协调。付出代价越大的信徒越是容易如此，以便为自己的巨大努力寻找合理的理由。就像一些为人父母的人们，养育孩子增加了他们的幸福感吗？不，这通常会使他们感到精疲力竭、焦虑不安、经济压力倍增，尤其是那些新生婴儿的父母。那父母们怎样说服自己，让自己坚信一二十年的坚持付出是合理的行为呢？人们会设法使自己相信，养育孩子使自己感到更幸福、更有收获。

1959 年，费斯汀格又设计和实施了认知失调研究方面的经典实验，引发了心理学界的热烈反响和很多争议。但一系列的实验研究使得认知失调理论得到了比较好的证据支持。

这个理论使人们认识到，人的行为与态度之间的复杂关系。以前，人们认为是我们的态度决定了我们的行为。而这一新的研究揭示出我们的行为反过来也会重塑我们的认知和态度。我们越是付出了巨大代价的行为，就越愿意为之寻找合理化的理由。

为什么有些影视作品少儿不宜

2012 年，广州一名特别喜欢古装电视剧的 7 岁女孩，因模仿剧中人物上吊的情节而不幸身亡。因女孩吊死的地方是一家工厂外墙上的防盗网，其父母起诉工厂要求赔偿。法院判决孩子的死亡是父母的责任，与工厂无关。

2013 年 4 月，江苏连云港某村庄的一个孩子因模仿动画片中烤羊肉的情节，造成绑在树上的另外两个孩子严重烧伤。此后，受害儿童的家长向法院提起诉讼，要求动画片制作方承担赔偿责任，法院一审判决由制片方承担三万多元的赔偿。这个案件引发了很多争议，有人认为制片方不应承担责任，是家长没有尽到监护义务。那么，这部动画片中大量充斥的水煮、火烧、平底锅砸脑袋

图7-4 阿尔伯特·班杜拉

的暴力镜头是不是儿童不当行为的原因呢？我们可以回顾一个产生过很大社会影响的实验。

美国心理学家阿尔伯特·班杜拉（1925—）认为，儿童的社会行为主要是通过观察、模仿现实生活中重要人物的行为来进行学习的。他做了这样一个实验：向幼儿园的孩子们播放电视节目，节目内容是一个成年人对充气人施以拳打脚踢、锤砸等暴力行为。然后，孩子们被分成三组。第一组孩子看到这个成年人得到了糖果和表扬；第二组看到这个成年人被另一个成年人警告不许再有类似攻击行为并被杂志打了一下；第三组孩子看到的是攻击行为没有任何后果。接下来孩子们被带到有很多玩具的房间里自由活动，玩具中有充气娃娃和很多攻击性工具。研究者在另一个房间通过单向观察镜进行观察。结果，三组孩子中看到攻击行为受奖励的那一组攻击行为最多，看到攻击行为受到惩罚的那一组攻击行为最少。若对孩子们的攻击行为进行奖励，则几乎所有孩子都出现攻击行为。

班杜拉认为，我们的社会行为都是通过观察学习而获得的。他的理论受到了心理学实验的多次验证。因此，他的社会学习理论和实验研究成为后来反对在面向儿童的影视作品中出现暴力镜头的重要依据。

暴力镜头对儿童的不良影响在上述实验研究当中已经得到了比较充分的揭示，目前一些影视作品在保护未成年儿童方面仍然缺乏充分的认识，暴力、色情、吸烟等负面行为出现的频率还比较高，是儿童成长过程中的一个危害性因素。

参考文献

[1]亚历山德罗·委佐齐. 达·芬奇[M]. 北京:东方出版社,2019.

[2]查尔斯·赫梅尔. 自伽利略之后[M]. 银川:宁夏人民出版社,2008.

[3]达娃·索贝尔. 伽利略的女儿——科学、信仰和爱的历史回忆[M]. 上海:上海译文出版社,2002.

[4]弗·卡约里. 物理学史[M]. 桂林:广西师范大学出版社,2002.

[5]郝俊. 解码"基因组学之父"桑格:测序,测序,测序[N]. 中国科学报,2013-12-20(5).

[6]费米夫人. 原子在我家中[M]. 北京:科学出版社,1979.

[7]美国国家标准技术研究所. 200年来,科学家最接近万有引力常数G的一次[J]. 自然,2018年8月29日.

[8]凌永乐. 化学元素的发现[M]. 北京:商务印书馆,2009.

[9]尼查叶夫. 元素的故事[M]. 长春:北方妇女儿童出版社,2011.

[10]M. H. 沙摩斯. 物理史上的重要实验[M]. 北京:科学出版社,1985.

[11]比尔·布莱森. 万物简史[M]. 南宁:接力出版社,2005.

[12]贺天平. 科学实验之光[M]. 北京:科学出版社,2009.

[13]凌永乐. 化学元素的发现[M]. 北京:商务印书馆,2009.

[14]洛伊斯·N. 玛格纳. 生命科学史[M]. 天津:百花文艺出版社,2002.

[15]钱三强. 重原子核三分裂与四分裂现象的发现[M]. 北京:科学技术文献出版社,1989.

[16]赫尔穆特·霍尔农. 那些年,是他们把爱因斯坦推上神坛[N]. 科技日报,2015-10-8(5).

[17]江晓原. 爱丁顿到底有没有验证广义相对论?[J]. 新发现,2012(6).

[18]中村修二. 我生命里的光[M]. 成都:四川文艺出版社,2016.

[19]欧阳钟灿. 2014年诺贝尔物理学奖解读[J]. 科学中国人,2015(31).

[20]马松. 中国克隆猴满百日[N]. 解放日报,2018-3-25(8).

[21]田中耕一拿了诺贝尔奖　他也从未停止脚步[N]. 北京青年报,2019-3-20(B01).

[22]生物圈2号:在世界之内拯救世界[J]. 新科学家,2013.

[23]杨艺. 这群重庆人让港珠澳大桥海底沉管隧道滴水不漏[N]. 重庆日报,2018-10-24(5).

图书在版编目（CIP）数据

科学实验之功 / 郭传杰主编；安金辉编著. -- 杭州 : 浙江教育出版社，2019.12（2024.8重印）
中国青少年科学实验出版工程
ISBN 978-7-5536-9902-8

Ⅰ. ①科… Ⅱ. ①郭… ②安… Ⅲ. ①科学实验—青少年读物 Ⅳ. ①N33-49

中国版本图书馆CIP数据核字 (2020) 第008603号

中国青少年科学实验出版工程

科学实验之功

KEXUE SHIYAN ZHI GONG

安金辉　编著

策　　划	周　俊
责任编辑	江　雷　王晨儿
营销编辑	陆音亭
美术编辑	韩　波
责任校对	余理阳
责任印务	陈　沁
出版发行	浙江教育出版社
	（杭州市环城北路177号　电话:0571-88909724）
图文制作	杭州兴邦电子印务有限公司
印刷装订	杭州佳园彩色印刷有限公司
开　　本	710mm×1000mm　1/16
印　　张	12.5
插　　页	2
字　　数	250 000
版　　次	2019年12月第1版
印　　次	2024年8月第2次印刷
标准书号	ISBN 978-7-5536-9902-8
定　　价	38.00元

如发现印装质量问题,影响阅读,请与本社市场营销部联系调换, 电话:0571-88909719